STANISLAS

Les clés du Polyèdre

tome 1

Sillousoune

« T'es sûrement pas un *potr ar merc'het**, n'est-ce pas !! »
M. Charles

* *ar merc'het* : coureur de jupon (en breton)

Lorsque l'on frappa à sa porte, le plus que centenaire amorça un frémissement de sourire et répondit, dans un énergique grognement :

– Entrez !

Six mètres carrés, grisailleux. La lumière peinait à se frayer un passage par la fenêtre à petits carreaux d'inspiration médiévale. Odeurs de naphtaline, de vieilleries, de vieux. Une sorte de lit, gris encore, sous une couverture écossaise, refuge pour acariens gastronomes. Un oreiller aussi ferme qu'une brique. Un tabouret exsangue servait de table de chevet. Malgré un pied bringuebalant, il accueillait une radio d'antan. L'antenne s'élevait péniblement et à mi-parcours se repliait finalement sur elle-même, lasse. Le curseur parkinsonien, quant à lui, hésitait entre deux stations.

– Bonjour Monsieur Charles… Comment allez-vous ce matin ? demanda Stanislas.

Le jeune garçon, brillant étudiant en sociologie, se faufila dans la chambre avec une hésitation quasi-ridicule. Ses courts poils crâniens se bataillaient en ordre dispersé et traduisaient ses perpétuelles turpitudes cérébrales. Stan était pourtant « gâté par la nature ». Il était le type même du « beau brun ténébreux un peu rebelle ». Sa taille modeste était largement compensée par une peau un peu mate, des sourcils épais qui renforçaient un regard noir et profond. Un visage de jeune premier, parfaitement symétrique (un luxe !), parachevait un tableau dont il se fichait éperdument. Son absence de sourire en intriguait plus d'une. Beaucoup (toutes ?) auraient apprécié d'être la première à le dérider.

Une fois n'était pas coutume, Stanislas n'attendit pas que son interlocuteur lui réponde pour enchaîner et, presque enjoué, osa affirmer :

—Nous avons une heure devant nous !

—Ha ! L'avenir nous le dira, impétueux jeune homme !! Et le record de Mme Calment n'a qu'à bien se tenir ! Quant à toi, cesse donc de confondre vitesse et précipitation. Je parie que tu es un éjaculateur précoce ! T'es sûrement pas un *potr ar merc'het,* n'est-ce pas !!

Un potr ar machin je sais pas quoi, encore une bonne vanne de cul ? pensa Stanislas.

M. Charles Mériadec était d'origine bretonne et ponctuait régulièrement ses interventions de quelques mots dans cette langue que Stan trouvait phonétiquement très, trop proche de l'allemand. Rudes, rocailleux, tous ces « RRR » lui écorchaient les tympans.

—Je ne sais pas ce que c'est un "potr ar je sais plus quoi".

—Un coureur de jupons. C'est pas trop ton truc, n'est-ce pas ?

— … Non, pas trop…

— Aucune importance, tu as toute la vie devant toi pour changer d'avis !!

*

Elsa et Charlotte n'écoutaient pas, mais alors pas du tout le prof de socio, elles étaient assises non loin de Stanislas, en ligne de mire. Lui, notait tout.

– Non, non ! Il est trop bandant ce mec, franchement !

– T'as pas l'impression de radoter ma vieille Elsa ? Je vais finir par t'appeler Elzhamer moi !!

– Rrrroh, très drôle, Elzhamer versus Alzheimer, fallait trouver, mais il est trop quand il bosse comme ça mon Stanislas, mon Stan... trop brun, trop regard noir, trop déhanchement prometteur… j'peux pas m'concentrer, j'pense à des tas d'trucs qui font mouiller… Charlotte aide-moi !

Elsa lui secouait le bras comme on actionne celui d'un bandit manchot après avoir inséré sa dernière pièce. Mais seule jaillissait du regard de sa copine une réprobation moqueuse. Charlotte acceptait cependant volontiers ce mouvement de balancier presque apaisant qui lui rappelait ceux dont elle profitait lorsque sa mère la berçait. Elle se demandait si elle n'avait pas des côtés autistiques, quand Elsa renchérit en lui bavant dans l'oreille.

– Chaaaaaaaaaaarlotte, sauve-moi !

– Bon d'accord, il est beau, il est beau, c'est pas faux. Mais tu t'y es déjà frottée et…elle insista. Ça t'a ja-mais réussi. « Ton » Stan, c'est un hérisson qui se protège des p'tites têtes de truies têtues dans ton genre et qui pique !! Et compte pas sur moi pour te soulager comme la dernière fois ! Touche-toi un bon coup, ça va t'calmer !!

Très grande et massive, Elsa possédait des poumons

hypertrophiés et faisait tout pour que ça se voit. Elle arborait des cheveux presque roux et aussi courts que son attrait pour Stanislas était grand. Plutôt mignonne malgré ses petits yeux porcins, elle était le portrait craché de Richard Gere au féminin. Charlotte s'avérait plus discrète. Une belle peau mate appliquée à un visage aux traits d'une grande finesse, agrémenté d'une chevelure très raide, mi-longue, noir foncé. Sa silhouette ressemblait à celle d'une cuiller pour bébé posée sur de courtes jambes. Ses fesses étaient rondes, larges et généreusement garnies. La taille semblait comprimée par un corset et reliait le dos et des épaules étriquées avec une inquiétante fragilité.

Le cours avait débuté depuis déjà deux heures. Dans l'amphithéâtre, une bonne moitié des étudiants digérait leurs sandwichs, salade bio ou kebab dans une quiétude dénuée de toute culpabilité. Un quart de la salle travaillait d'autres matières à plus fort coefficient. Les vingt-cinq pour cent restant se divisaient en petits groupes de discussion, dont Elsa et Charlotte, plus ou moins discrets, dans lesquels toutes sortes de sujets étaient abordés : « Qui va être viré ce soir dans l'émission *stars et déboires* », « alors il a trouvé ton point G ou pas ? », ou encore « t'as vu MA nouvelle photo de MOI en train d'embrasser MON cochon d'Inde sur MON blog » ?

Pendant ce temps, M. Kaléïdos parachevait sa leçon magistrale. Maître de conférences en sociologie, il se contentait très « pédagogiquement » d'effectuer la lecture orale de son unique ouvrage *Histoire et sociologie anthropologique des dynamiques culturelles,* publié plusieurs dizaines d'années plus tôt. Sa voix ressemblait à celle d'un clavecin aux cordes rouillées dont le bois, aéré par une colonie de termites gourmandes, laissait s'échapper de bruyants filets d'air. Une sorte de râle grinçant et asthmatiforme s'extrayait de sa bouche sèche, à peine entrouverte. Euphémisme, M. Kaléïdos était peu charismatique.

D'une voix linéaire, il conclut sa soporifique intervention en la ponctuant de ses récurrentes et insupportables répétitions : « la semaine prochaine je vous inviterai à saisir dans toute sa complexité, sa complexité, l'élaboration des phénomènes sociaux dans leur perspective historique, historique, et nous serons aidés par les très estimables travaux de Norbert Elias qui permirent de mouvoir, de mouvoir, les frontières autrefois distinctes entre l'histoire et la sociologie ».

Pendant que Stanislas rangeait méticuleusement ses notes dans son sac à dos, ses deux voisines, Charlotte et Elsa, terminaient leur conversation en catimini.

—Moi, la frontière que j'aimerais supprimer, c'est celle qui me sépare de Stan ! Chuchota Elsa.

—La têtue du téton, voilà qui tu es !

—S'il veut pas de moi, c'est qu'il est gay, c'est pas possible autrement ! Regarde-le, comment lui résister et lui, comment il fait pour résister à « ça » ?!

D'un geste de la main, Elsa entrouvrit son chemisier et fit apparaître un profond sillon inter-mammaire à la

« Wonderbra », accentuant le bombé de ses seins dodus et moelleux comme deux oreillers siamois.

— T'es vraiment nulle ma pauvre Elsa ! C'est pas parce qu'il t'a pas regardée depuis le début de l'année qu'il est homo !

— Pfff, allez ! J'te parie le repas de demain qu'il me prête ses cours à la sortie. J'ai pas dit mon dernier mot. Après, comme dit le dicton « ses cours il me prête, par ici sa quéquette » !

— Haha, toujours aussi élégante ! Bon, j'demande à voir. Ce ne sera jamais que ta soixante-neuvième tentative ! Charlotte regarda Elsa droit dans les yeux et lui tira une langue frétillante puis ajouta.

— Non, j'rigole, je sais qu'ça t'fait du mal d'imaginer ce genre de gymnastique avec lui !

Les deux copines se levèrent à la fin du cours et suivirent Stanislas jusqu'à la porte. Elsa, avant de le dépasser, dégrafa un nouveau bouton d'un geste furtif de la main et l'apostropha énergiquement.

— Salut M'sieur ! Tu te souviens de moi ?

— Non. Répondit Stanislas.

— Hihi ! C'que j'préfère, en plus de ton look sympa, c'est ton humour !

— Ce n'est pas de l'humour.

— Du second degré !! J'adore ! Écoute, j'veux pas t'embêter… bien au contraire…

Elle fit une pause, esquissant un petit sourire enjôleur dont elle pensait avoir le secret.

—Mais pendant ce cours, j'ai eu des petits soucis... Elle le regardait en tentant maladroitement de fermer l'œil gauche tout en portant sa main sur son ventre qu'elle découvrit en le massant, d'un petit geste circulaire.

– J'étais malade quoi ! J'ai rien capté, pas pu prendre de notes, alors, si tu pouvais...

– « Histoire de la Sociologie », Robert Kaléïdos, éditions PUF, 1964.

– Je vois... mais c'est urgent, tu vois, ... heu...

– Et ta copine, elle était malade aussi ?

– Charlotte ? Euh, oui. Oui, intoxication alimentaire, toutes les deux : on a mangé des sushis. À chier, hein Charlotte, les chouchis, à chier ?!

—À chier les chouchis, cha oui !

—« Histoire de la Sociologie », Robert Kaléïdos, éditions PUF, 1964. Sayonara !

Et Stanislas se dirigea vers le parking de la fac sans un mot de plus, la tête enfoncée dans les épaules. *Putain mais c'est une vraie tique celle-là, rien à faire elle lâche rien !*

—Wahou ! Alors là, je dis : é-pous-tou-flant ! Non, vraiment !! Sacrée Elsa ! ! Encore deux minutes et il fallait lui avouer que t'avais repeint le fond d'ta culotte à cause de ta gachtro ! Tu m'dois une bouffe demain, j't'adore !

– Ta gueule Charlotte. Sayonara, mes fesses ouais !

– Ça y en a plutôt raté !

– Ce con est complètement gay, j'te dis. Quel gâchis !

– Heureusement, grâce à toi, demain midi rimera avec gastronomie

– C'est ça, oui ! Bol de riz chez le Chinois d'en face. C'est tout !

–T'as vraiment aucune classe quand tu perds.

– C'est ça, oui. La prochaine fois, c'est toi qui t'y colles. Comme le riz que tu vas manger demain !

Les deux étudiantes marchaient en continuant leur échange verbal. Dépitée, Elsa accompagnait ses propos rageurs de moulinets des bras à la façon d'un ventilateur. Elle s'arrêta soudain, poussa un long cri bestial tandis que ses yeux tentaient de s'extraire de son visage carmin, puis laissa tomber ses bras le long du corps et, inerte, le menton entre ses seins, lança un long soupir de frustration. Charlotte arborait un sourire de gagnante en filmant la scène avec son portable.

Stanislas abandonna Elsa à son triste courroux, Charlotte à sa raillerie et poursuivit sa route. Il repensait vaguement à la conversation de la grande rousse. Il se souvenait d'elle, bien sûr. Elle le draguait depuis le début de l'année, mais il la trouvait superficielle et mal élevée, sa copine terne et tapie derrière elle, prête à rouler dans le moindre interstice. Opportuniste.
Des défauts rédhibitoires.

*

En réalité, Stanislas était un garçon dont la frilosité relationnelle n'avait d'égale que sa capacité de travail. C'est dire si elle était conséquente puisqu'il besognait comme un stakhanoviste et sa motivation ne connaissait jamais la moindre faille. Cela lui permettait d'auto-légitimer son comportement « antisocial ». Les études et l'investissement qu'elles génèrent constituaient un argument imparable pour éviter des relations humaines de trop grande proximité, pire, intimes.

« Intime ». Voilà bien un qualificatif que Stanislas ne pouvait d'ailleurs appliquer qu'à lui-même. Il ne connaissait que son corps, ses capacités, ses limites, et l'entretenait avec sérieux et régularité tout au long de la semaine : jogging, piscine, musculation, vélo, course fractionnée. Dimanche, musculation-assouplissement du poignet gauche avec mouvements répétitifs et accélération progressive intégrant la préhension ferme d'une excroissance personnelle érectile de forme oblongue. Son unique activité sexuelle hebdomadaire. Stan s'envoyait aussi en l'air au sens propre. Tous les quinze jours. Avant sa « musculation dominicale », il pratiquait la chute libre, saut d'avion à cinq mille mètres minimums, ce qui s'avérait tout aussi jouissif ! Quant au corps des « autres »... il avait vu les plus dénudés aux bords du grand bassin de la piscine municipale. S'il connaissait bien le sien, celui des autres lui était, dans le monde réel, totalement étranger. Deux seins conquérants pouvaient lui procurer des sensations fortes, mais il était encore puceau. Le désir oui, pas le plaisir ! Sa frustration n'était ni spirituelle, ni intellectuelle. Stanislas ne se réservait pas plus pour une future

« promise » à laquelle il offrirait sa virginité après le mariage... Il avait simplement peur. Des autres, de l'Autre. Il ne se sentait bien que seul et déployait continuellement son énergie dans le but de désamorcer les tentatives d'intrusion dont il se sentait l'objet. Il s'estimait toujours agressé, et réagissait comme un animal acculé, grognant et montrant les crocs. Au mieux, il s'avérait pour le moins désobligeant. Charlotte et Elsa, comme de nombreuses autres filles l'ayant abordé, en firent une nouvelle fois la cinglante expérience.

*

Le lendemain était un jour particulier, car Stanislas allait de nouveau visiter M. Charles. Il roulait sur son vieux solex tout de noir vêtu, à une allure qui l'aurait presque décoiffé s'il n'avait pris la précaution d'enfiler un casque et si son engin avait été muni d'un turbo. Stan adorait les deux-roues. Pour circuler efficacement, en toutes circonstances, c'était l'outil idéal. Il pouvait ainsi rallier sans encombre les différents lieux dans lesquels il devait se rendre et peaufiner sa ponctualité. Mais c'était plus qu'un moyen de transport. Comme les chutes libres effectuées d'un avion, il retrouvait le contact du vent, même si son engin, aussi bien entretenu fut-il, ne dépassait guère les trente kilomètres par heure. La selle « solo » empêchait de plus toute possibilité d'accueillir qui que ce soit. Ce n'était pas innocent. Solitaire, il était.

Cinq kilomètres plus loin, il s'arrêta devant la grande propriété encerclée de hauts murs de pierres grisonnantes. À l'entrée, d'immenses grilles en fer forgé rouillé à la couleur marronnasse hésitante restaient entrouvertes. On apercevait plus loin une bâtisse à l'aspect déprimé, mais que l'on sentait bien ancrée dans ses fondations. La maison de retraite « La Belle Époque ». Il descendit de sa monture pour la pousser et traversa le parc, essayant de faire le moins de bruit possible.

La générosité des espaces verts intriguait jusqu'à étonner. Des arbres centenaires, des arbustes généreux, de la mousse douillette, des fleurs heureuses. Juste la nature, délicatement guidée et épanouie. Plusieurs hectares, bichonnés par les frères « Ed ». Edgar et Edmund. Ils œuvrèrent pour sa très gracieuse majesté de l'autre côté de la Manche, avant d'émigrer en France, il y a plus d'un demi-siècle. La végétation, année après année, s'était, grâce à eux progressivement métamorphosée. Le bois originel, bien peu pratique pour cannes, déambulateurs et fauteuils roulants des résidents céda la place à une sorte de jardin anglais. L'espace verdoyant hésitait entre nature et culture, conjuguant avec talent et bonheur petits vallons, cours d'eau aux doux méandres et bosquets touffus à la densité tendrement sauvage. Les quatre mains, vertes comme de la gelée à la menthe, y œuvraient avec l'amour de la flore. Le résultat s'avérait à la hauteur de leur passion : un petit paradis où nature et humains faisaient enfin bon ménage, dans le respect de chaque espèce. L'ensemble possédait un charme étrange auquel le jeune garçon était sensible.

Au bout du chemin de graviers ronds, usés comme des galets, la cour. Stan y gara son deux-roues encore tremblotant, à flanc de bâtisse : murs en meulière, insensibles au temps, témoins d'une bourgeoisie déclinante, partiellement recouverts d'une vigne vierge vorace. Volets et portes ressemblaient à une sorte de poisson de bois, tapissé d'écailles de peinture aux couleurs indécises. Toiture en patchwork d'ardoises sombres et de mousses joyeusement invasives. Cinq marches grises, dont une seule restait horizontale et une rampe d'accès pour handicapés sur le côté. La grande porte de bois grinça, toujours fatiguée. Le hall était aussi vaste que vide, le moindre bruit y résonnait. Annonciateur. Odeurs de médicaments, de poussières. En haut de l'escalier de guingois, deux couloirs. À gauche, celui de la « Verte Prairie » à droite, celui des « Pâturages » que Stan emprunta. Il se tenait maintenant devant la porte numéro huit.

Monsieur Charles, plus de 37 500 jours au compteur, cent trois années sur terre ! Son corps en « C » majuscule comme « Courbé » se recroquevillait tout entier. Fatalement, fœtalement. Il avait le geste lent et rare de la tortue des Galapagos. Sa peau, aussi plissée qu'un drap après une nuit d'amour bestial en conservait aussi quelques stigmates. Une plongée apnéique dans le grand bain de l'humanité acnéique. Son visage aride comme le désert de Gobie avait été sévèrement maltraité par les tsunamis de la vie, comme en témoignaient, à la racine de ses cheveux, du côté gauche, trois petites taches brunâtres, poétiquement appelées par les herboristes « fleurs de cimetière ». Elles s'y étaient confortablement et définitivement installées. Son menton légèrement prognathe s'avérait toujours en avance sur le reste du corps. Les extrémités tendues des pommettes presque contondantes reflétaient continuellement la lumière. Et la sienne jaillissait de l'intérieur à travers deux petits orifices oculaires, façon « bulles de champagne » ! Car M. Charles maintenait une activité intellectuelle intense que seul son pétillant regard bleu acier trahissait. Même lorsqu'il ne parlait pas, ce qui était assez rare, ses yeux prenaient la relève. Le vieil homme, pétrit d'un humour qu'il était capable de s'appliquer à lui-même, les avait comparés à ceux d'une taupe atteinte de conjonctivite, entourée d'une vieille peau de chamois froissée restée dans le coffre d'une voiture pendant vingt-ans sous la roue de secours.

Il avait de la répartie, usant d'expressions pur beurre salé « de chez lui » et de citations latines. Éveillé, vif, curieux comme une fouine. Doué d'une extraversion que Stan admirait, enviait même, parce qu'il en était lui-même totalement dépourvu. Parfois les idées de M. Charles se suivaient, sans lien apparent, à l'image des influx électriques qui cheminent de façon anarchique comme lorsque la myéline fait défaut au système nerveux. Mais même dans ces cas-là, demeurait encore et toujours son regard intense, deux petites flammes qui vous transperçaient et dispensaient une chaleur terriblement humaine et vivante. Deux yeux qui valaient une promesse de voyages inter-sidérants, dans lesquels se perdirent durant l'hiver 55, Irina et Tatiana Jobarovitch. Deux sœurs jumelles russes, championnes de gymnastique aux agrès.

Ses pupilles étaient ouvertes sur plus d'un siècle d'histoires. Pas la grande avec son « H » majuscule, mais la sienne, aussi intime et émouvante qu'un petit « h ». Le centenaire lui-même, un jour, rayonnant, expliqua à Stanislas que le petit « h » était le symbole de l'hydrogène et donc que sa « petite histoire » n'en était pas moins le principal élément constitutif du soleil et de la plupart des étoiles ! Plus de cent années de mégalomanie farceuse, de joies, d'amour, de plaisirs et de délires, inavouables pour certains d'entre eux s'accumulaient dans sa vieille carcasse.

Le digne représentant du cinquième âge n'intégrait donc aucune des catégories de centenaires jusque-là nosographiées selon la nomenclature en vigueur au sein de la Belle Époque : 2V, 3V, DTP. Ouvrir la porte de la chambre d'un 2V, un « Vieux-Vieux », c'était comme ouvrir une armoire à pharmacie abandonnée. Quelques vieilles boîtes, des coulures ocres, rouilles, suintantes sur les parois métalliques et une odeur... Agressive aux naseaux. Tenace. Têtue. Une dose de solitude, deux de douleurs chroniques lancinantes, quelques pincées d'idées morbides, un zeste de vieilles histoires rabâchées, agitez, mais pas trop, cœur fragile et voilà le 2V. Diagnostic : peu encourageant…

Le 3V quant à lui est étendu. Inerte. Le « Vieux-Vraiment - Vieux » est tel un gisant presque vivant, la sculpture de la mort à laquelle il manque un dernier coup de burin, salvateur. Pas de certitude néanmoins, il reste mutique. Communication définitivement rompue. Ils sont là, pourtant, physiquement. Reliés à toutes sortes de machines à forcer la vie quand il n'y a souvent qu'un désir de délivrance. Que leur souhaiter sinon une panne de secteur, ou un « malencontreux » débranchement…

Enfin le TPD. Le « Tout Petit Despote », espèce en voie de prolifération ! Plus le TPD est âgé, plus grande est son expérience dans le totalitarisme du quotidien, et plus il devient redoutablement efficace dans la malveillance et la perversité. Le seul espoir de l'entourage, résigné à ne pas commettre un acte que la loi réprouverait, consisterait en un passage naturel et prompt, idéalement, dans la catégorie des 2V ou 3V. Heureusement, unique cerise comestible sur cet indigeste gâteau, il y avait : M. Charles. LE vieux Monsieur Charles. Celui que Stan visitait. Régulièrement.

Stan s'était assis face au vieux monsieur qui trônait sur son fauteuil roulant et en le regardant, repensait à sa thèse. Pour des raisons personnelles, il se passionnait pour les histoires de famille depuis le début du XXe siècle et les centenaires en particulier. L'idée lui vînt tout naturellement d'étayer ses recherches par des apports concrets, des anecdotes, qu'il obtiendrait auprès d'une vieille personne dont la vie couvrirait cette période. Il recueillit des pistes auprès de sa mairie et obtint un rendez-vous avec la directrice de « La Belle Époque » qui l'invita à rencontrer Monsieur Charles Mériadec, le premier à s'être enthousiasmé pour ce projet.

*

Stan, le regard sombre, comme à l'accoutumée, se rappelait sa première entrevue avec le vieil homme qui décida immédiatement qu'il devrait l'appeler « Monsieur Charles ». *Je n'ai d'ailleurs jamais pensé à lui demander pourquoi il tenait à se faire appeler comme ça,* se disait-il alors, *mais j'ai ma petite idée. De nombreuses rencontres, depuis des mois, je commence à le connaître, M. Charles. Moi, ce que je crois, c'est que c'est son esprit toujours lubrique qui l'a guidé. Cette dénomination constituerait le pendant masculin de « Madame Claude ». Il régnerait sans partage sur une sorte de harem croulant et pourrait y assouvir tous les fantasmes qui lui trottent encore dans la tête. Il deviendrait ainsi l'unique représentant des « 2V », la catégorie des « Vieux Vigoureux »* !

M. Charles était toujours à l'affût d'une info de première main sur telle ou telle infirmière qu'il avait dans son collimateur, le beau sexe demeurant une de ses principales préoccupations. Ainsi, le libidineux ancêtre privilégiait-il autant les vieilles histoires salaces vécues dans un passé plus ou moins récent, que ses pressantes envies présentes, qu'il qualifiait avec audace de « rigides » !

*

—Alors, mon petit Stan, à quelle jolie croupe avantageuse penses-tu encore ?

Je rame je rame, quand ce garçon va-t-il se dérider et profiter un peu de la vie ?

—Oups, désolé M. Charles, un moment d'égarement. Je vous écoute…

Il en a de bonnes, une jolie croupe, je veux bien moi mais je me fait dessus rien qu'à l'idée d'aborder une nana !

—Tu es tout ouïe, c'est bien. Alors, MA surprise ?! ajouta-t-il en se frottant les mains avec la fébrilité de celui qui touche déjà au but. Stan introduisit sa réponse par un petit sourire complice qui voulait dire, « bien tenté, mais je ne suis pas né de la dernière pluie. »

—M. Charles…Vous avez voulu profiter de mon absence passagère. Vous oubliez notre contrat.

—Que nenni mon jeune ami, loin de moi, homme droit, un tel procédé s'il en est !

—Alors… Dans ce cas, vous devez être capable de mettre un nom, sur votre surprise.

—Hum… je viens de le dire. Tu veux faire répéter un vieux papy-gâteau-gâteux ?

—J'insiste M. Charles…

—Il s'agit de…c'est…c'est que je suis un très vieil homme, Stanislas, ma vacillante mémoire me joue de vilains tours et tu en profites honteusement. …J'ai quand même le droit d'oublier le nom que portait la surprise. Stanislas… Je n'y suis pour rien, moi, si je n'ai pas plus de neurones que de cheveux. Parole de presque chauve !

—Bah, c'est pas très grave. Nous allons…

M. Charles piaffait à l'idée d'avoir gagné la surprise sans jouer et ajusta son vieux plaid écossais à dominante rouge. Stan prenait le temps de sa réponse.

—Nous allons… Simplement… Oublier notre conversation et tout recommencer à zéro !

—Oh ! Je m'insurge avec vigueur ! Espèce de petit *rer brein,* je m'inscris en faux ! Je récupérerais volontiers tes *istribilhou* pour les cuisiner à la sauce Jivaro et en faire deux petites billes pour écolier !!!

Impassible, Stan l'interrompit, sans avoir pu comprendre qu'il venait de se faire traiter de « cul pourri » auquel on aurait arraché les « testicules » pour les réduire.

—Monsieur Charles, je suis prêt à répondre à vos questions.

—Grrrr…*bezan e roched e gwask e revr* !!

—M. Charles, désolé. Quelques mois d'entretiens, c'est toujours pas assez pour comprendre le breton !

— « Avoir la chemise dans la raie du cul », jeune homme…

—Sûrement pas agréable.

– Humeur massacrante !

– Allez ! Pensez à la surprise, vous ne s'rez pas déçu ! Tassé, ratatiné mais lucide, le vieux monsieur faussement courroucé consentit à reprendre au début, dans les règles.

– Est-ce glacé… comme ton cœur ? demanda-t-il sur un ton subtilement dédaigneux.

– Désolé… non.

– Rrrrrh ! Goûteux au palais tout de même ?

– Assurément, oui !

– Aaaaaah !

Satisfait, reprenant espoir et couleurs, il poursuivit aussitôt.

– Bien, bien. Goûteux… et savoureux peut-être ?

– Oui…savoureux.

Rayonnant :

– Un saint-honoré, c'est un Saint-Honoré !

– Navré, M. Charles, ce n'est pas un saint-honoré. Si je peux me permettre, vous brûlez les étapes. Vous devez avoir plus d'indices avant de faire une proposition. Et souvenez-vous : si vous échouez à la troisième tentative, la surprise sera pour « qui-vous-savez ».

– Ta rigueur frôle la rigidité pour ne pas dire la cruauté, pauvre de moi. Il mimait des pleurs en se tenant le visage entre les mains.

– Bref ! Lança-t-il en se redressant. Ce n'est pas un saint-honoré, donc...Puis, en marmonnant. Mais elle est savoureuse, goûteuse…saint…

M. Charles, aussi branché « cul » que la lettre du même

nom, vit son esprit soudain traversé par l'homonyme « sein ». Ô combien d'attractives perspectives allaitantes autant qu'alléchantes imagina-t-il alors ! Peut-être s'agissait-il donc d'une femme…

—J'ai dit Saint et puisque qui ne dit mot consent, je poursuis sur cette voie pénétrable : la surprise a-t-elle deux jolis petits seins ?

—M. Charles ! Je sais que de saint à seins, il n'y a qu'une roue de votre fauteuil, mais non. Pas de femme en guise de surprise !!

—Dommage… penses-y pour mon anniversaire. Une 'tite mignonnette avec deux seins tout menus, sous une belle robe à fleurs, champêtre. Je lui conterai quelques poèmes de ma cuvée, de ceux qui me permettent, au prix d'incommensurables efforts, d'exercer ma sénile mémoire. *Allez je vais pousser la chansonnette pour lui ramollir les neurones et l'amadouer !*

Et il déclama avec emphase, la voix pleine de faux trémolos, insistant avec lourdeur sur chaque début de vers et roulant exagérément les « R» :

Viens briser la glace, d'un coup de rêve en pleine face
Viens crever la surface des gouttes d'eau, rayées
Caresser les traces de mes songes, éparpillés
Viens, jolie fleur fugace, te glisser sous mon oreiller.

Impassible, faussement, Stanislas reprit la parole. *S'il croit qu'il va m'avoir avec ses vieux stratagèmes pour gamin de 10 ans !!*

—… Ni saint-honoré, encore moins de femme, M. Charles, vous devriez me connaître.

—Quelle désolation mon bon. Nous en reparlerons à l'occasion, je ne PEUX pas te laisser ainsi. Malgré ma déception, je poursuis. Donc, ni seins, même menus, ni saint, même honoré. Est-ce comestible au moins ?

—Oui.

—Confectionné par un pâtissier ?

—Non.

—Par la main de l'homme ?

—Pas plus…

—Oh, oh ! Par celle de notre seigneur, donc ?

—Si l'on veut.

—Par Mère nature, préfères-tu ?

—Disons oui.

—Est-ce…alimentaire ?

—Oui.

—Fruité ?

—Aussi.

—Ahhhh !!! Je la tiens ma surprise ! Goûteuse, savoureuse, nullement mammaire, mais naturellement fruitée…

Les yeux de M. Charles s'entrouvrirent dans leur totalité une fraction de seconde, le temps d'une jouissive révélation. Le temps où la victoire est prête à être saisie à pleines mains, à pleine bouche !!

—Haha, ma deuxième tentative sera la dernière, car c'est aussi la bonne, jeune Stanislas ! Tu me connais bien. Tu sais mes goûts et mes petits pêchés. Et quand tu peux réunir en un même objet, satisfaction gastronomique et plaisir du symbole, tu n'hésites pas. Tu fonces ! C'est bien, tu viens de remonter dans mon estime, désormais, je t'appellerai parfois *sigoter ar merc'hed,* ce qui signifie Don Juan. Content ?! Ne réponds pas, c'est évident ! Aujourd'hui le temps est beau et tiède, propice à une fraîche dégustation. Favorable aussi à mon alimentation intellectuelle. Quand les sens du plaisir côtoient ceux du cortex, nous atteignons les cimes de l'existence ! J'y suis ! Veni, vidi, vici ! Il déposa les deux dés qu'il tenait depuis le début de la conversation. Les yeux clos de nouveau, les deux mains tendues devant lui, M. Charles poursuivait en laissant s'échapper les mots un à un, sans empressement, avec délectation et tendresse :

—Une femme. Elle sort nue, de la rivière dans laquelle elle vient de se rafraîchir. Seule. Tu la vois Stanislas ? Mais oui tu la vois, puisque tu es un *sigoter ar merc'hed* ! Une sensuelle chaleur se répand. La sens-tu ? Elle enjambe les quelques galets de la rive en se dodelinant, sans jamais tomber. Quelle grâce, Stanislas, quelle grâce. Puis elle s'allonge avec douceur sur un plaid rouge à motifs écossais, étendu avec soin avant le bain. Quelques ondulations nonchalantes et mesurées pour trouver la position idéale. Voilà. Un sourire simple prend place au coin de ses lèvres, témoin de la volupté qui la gagne. Un plaisir vrai. Le temps glisse sur cet instant délectable comme, en son temps, l'eau de la rivière sur son corps. Ses longues jambes sont encore repliées, toutes mouillées. L'une d'elle, pourtant, s'écarte de l'autre. Un peu.

Découvrant, ah, si tu voyais, jeune jouvenceau, une mince toison feutrée dans laquelle s'insinuent quelques gouttelettes aventureuses, tentant d'échapper au feu du soleil. Elles trouvent refuge, pour quelques instants, au cœur de ce fruit tiède et humide, aux formes charnues et accueillantes. Ce fruit délicieux, goûteux, savoureux...est telle une demi-figue juste tranchée… c'est le *paradoz* !

—… Ce que j'aime, chez vous, M. Charles, ce sont ces purs moments de poésie. Je suppose que ça a encore à voir avec votre organe féminin préféré, mais parler du fruit défendu, c'est risqué pour votre organisme, non ?

— Mais que nenni mon jeune et trop vertueux ami, espèce de faux *sigoter ar merc'hed va* ! Cesse donc d'être aussi factuel et pragmatique. L'anthropomorphisme alimentaire est au service de l'imagination et donc de l'humanité ! Crois-en ma trèèès vieille expérience ! Et puis j'ai juste évoqué la figue fraîche et le paradis, mais je dois te l'accorder, *paradoz* est aussi synonyme de vulve en breton !

— Possible, M. Charles, mais votre main, sur… les… enfin… le… de Mademoiselle Énora… ce n'était quand même pas que de l'imagination !!

— Popopo ! Ma prétendante favorite a très bien su par moult signes explicites démontrer qu'elle souhaitait un attouchement de la nature à laquelle tu fais allusion !

— M. Charles, vous avez fait tomber exprès votre mini-jeu vidéo à ses pieds, et quand elle l'a ramassé, vous en avez profité…

—Il est vrai que cela fût bien aimable de sa part. Elle a d'ailleurs, je m'en souviens encore, saisi avec ferveur et sans le moindre effort le ludique objet. Et quel maintien. Les trois grâces réunies dans une seule enveloppe corporelle, semblable à celle d'une divine gazelle !

Le vieil homme disséminait dans ces moments une malicieuse atmosphère dans sa chambre. Il atteignait plus souvent qu'on ne le pense ces instants de sérénité, durant lesquels quelques furtives secondes valaient de précieux mois de souvenirs... Ce bonheur vrai et licencieux irradiait tout son corps usé. Le port de la tête redevenait presque altier. Les yeux s'éclaircissaient davantage, encore plus mutins. Les derniers cheveux, tous blancs, étaient plaqués sur la tempe, d'un noble revers de la main. Même le fauteuil brillait de tous ses chromes ! Sachant que fumer dix cigarettes par jour diminuait l'espérance de vie de trois ans, il avait lui-même décrété que rire, sourire, plaisanter pendant dix minutes quotidiennes la rallongeait d'autant. Comme il ne fumait pas, il ne prévoyait pas de mourir avant cent-dix ans ! Ce jour-là, il avait terminé son récit en chantonnant « c'est dans dix ans je m'en irai dis au pied d'un rosier ; Dans dix ans je m'en irai dis au pied d'un rosier ; Dis au pied d'un rosier, au pied d'une rose, au pied d'un rosier, mon cœur s'y repose ». Le tout sur un air celtique, dixit M. Charles.

—Mais votre jeu-vidéo a rendu l'âme. Ça en valait vraiment la peine ?

—Il faut savoir prendre des risques mon petit

bonhomme. Cela fait maintenant plus de cent années que je mesure soigneusement chacun d'eux avant que d'en prendre. Et je crois donc, avec beaucoup de recul, que cette méthode m'a été largement bénéfique…que de sensations ! Oui, je prends des risques. *Al louarn a varvo en e groc' hen hag ar bleiz en e goad*, ce qui, je t'épargne une demande de traduction en trois exemplaires, signifie littéralement : le renard mourra dans sa peau, et le loup dans son bois. En revanche je te laisse « traduire » la métaphore.

Stan resta muet, un peu songeur, quand le diseur de citations bretonnes reprit.

—Mais je plaisante Stanislas, je n'aurais jamais fait une telle chose, j'ai trop de respect pour les femmes en général et pour mademoiselle Énora en particulier pour user de telles entourloupettes. Si contact il doit y avoir, il ne peut qu'être mutuellement consenti ! Bon ! Allez, passons à ma *Fiez glaz* si tu veux bien !

—Soit ! Vous gagnez pour la surprise qui n'en est plus une. D'accord. Ce n'est pas Mademoiselle Énora qui se régalera. Mais les termes de notre contrat sont clairs. Je vous les rappelle, texte à la main ?!

—Tu es cruel, mais soit, tu as toute mon attention. Fais vite !

Ce « contrat » était né, comme souvent, d'une idée de M. Charles dont l'esprit ludique ne cessait jamais de mouliner ! Il avait donc inventé et imposé des règles originales qui régissaient leurs entrevues. L'objectif était de passer de bons moments et surtout de permettre à son jeune interviewer de se dérider un peu !

*

Article un

En levée de séance, les deux interlocuteurs désignés ci-après :

M. Charles Mériadec, né à Brest, de père M. Charles Mériadec père, et mère Mme Yvonne Leblanc, épouse Mériadec

Et :

M. Stanislas Vadim, né à Paris, de père et mère inconnus, s'adonneront, à des fins d'échauffement de leurs neurones respectifs au jeu consistant à deviner quelle est la surprise apportée par l'autre, en alternance. Le questionneur posera autant de questions que nécessaire, auxquelles réponses ne seront apportées que par les strictes affirmatives ou négatives.

Article deux

Seules trois réponses pourront être proposées. En cas d'échec à la dernière, la surprise deviendra l'inaliénable propriété de Mademoiselle Énora, infirmière du couloir « des pâturages », à la maison de retraite « la Belle Époque ».

Article trois

En cas de proposition victorieuse, l'entière jouissance de ladite surprise reviendra au gagnant.

S'il s'agit de M. Charles, sa légendaire générosité ne manquera pas de lui rappeler la proximité de quelques bonnes âmes qui l'entourent quotidiennement et méritent plus qu'une simple et cordiale pensée :

Mlle Énora, infirmière
Mme Nicolas, animatrice
Mme Beauchâteau Marguerite, voisine de la chambre 11
Mme Quelet Marthe, voisine de la chambre 16
Mme Mesquin, infirmière indigne, si la surprise est de l'arsenic

S'il s'agit de M. Stanislas, la même recommandation lui est adressée, ainsi que la liste suivante :
Mlle Énora, infirmière
M. Charles…

—M. Charles ??! M. Charles, vous, vous avez falsifié notre contrat, vous avez rajouté votre nom sur ma liste... c'est… C'est contraire au contrat !

—Stanislas, je suis, et de trèèès loin, ton aîné et je pourrais aussi être le père du père de ton père, etc. Alors un peu de respect, beaucoup de dévotion, trois couches de générosité et par pitié, un sens de l'humour plus aigu ! S'il te plait !

Un ange passa, fit un clin d'œil espiègle à M. Charles, puis un sourire compatissant à Stanislas... Et c'est en maugréant et marmonnant dans sa barbe de trois jours que le jeune homme passa directement à la lecture de l'article quatre.

Article 4

L'acquisition mentionnée à l'article trois du présent contrat deviendra effective lorsque le bénéficiaire aura conté son « histoire du jour ». Elle devra être : authentique, chronologique (si possible) « dite en termes choisis », comme l'eut apprécié Jean de La Bruyère, maître en la matière, dixit M. Charles. Cela permettra :

- à M. Charles de mieux comprendre le monde moderne qui l'entoure.
- à M. Stanislas d'alimenter d'anecdotes vivantes et enrichissantes sa thèse de sociologie intitulée : « L'esprit de famille au début du XXe siècle ».

— Donc M. Charles, sans rien enlever à votre réussite, et si je peux me permettre, vous me devez votre histoire du jour. Je prends mon petit calepin et mon bic.

— Hardi petit !! Je vais te raconter le jour de mes dix ans tiens ! Ne m'en veux pas si la semaine passée j'ai évoqué l'épisode bien plus tardif au cours duquel j'ai « emprunté définitivement » le tableau de Van Gogh à ce *sakredie* de Joseph... J'ai bien fait, remarque, il n'y connaissait rien... Quand je dis *sakredie,* je dis *sakredie !* Au fait, j'ai oublier, si ça t'intéresse, tu pourras demander à Miss Énora de chercher dans mes affaires le livre « Lettres à Théo » de Van Gogh… j'ai grandement apprécié sa vision du monde. Je ne sais pas s'il était réellement « fou » … il cherchait juste la lumière je crois, seul et lucide, mais qui ne la cherche pas ? Et mon petit, souviens-toi que mes souvenirs, lorsqu'ils me reviennent, m'apparaissent des plus désordonnés. Chronos se joue de moi et seuls mes réveils matinaux sont devenus l'occasion de partielles et lointaines résurgences mnémoniques. Tu es donc tributaire de mes rêves nocturnes Stanislas ! Tiens, connais-tu le comble de la mémoire ?

Stan le questionna du regard.

– Pardi, mais se rappeler qu'on est amnésique !

—

Elle rangea sa harpe, prit sa guitare et s'assit sagement au bord de son lit. Le bois était usé sous les cordes, là où la main vient frotter lorsqu'elle enchaîne les accords avec enthousiasme. On la lui avait offerte deux ans plus tôt.

—

Le vieil homme fit une pause. Il aimait parler. Son éloquence était inversement proportionnelle au quotient intellectuel d'un gastéropode lobotomisé encore scotché à la roue de vélo l'ayant écrasé. Cependant, quels que soient ses talents d'orateur et sa verve, un peu plus d'un siècle pesait sur lui. Si le cognitif restait dans une forme éblouissante, la carcasse, elle, ne suivait plus. Les pectoraux faiblissaient, les poumons devenaient lourds à hisser. Les cordes vocales étaient usées comme les sillons d'un soixante-dix-huit tours de Berthe Sylva.

Après une courte pause et un raclage de gorge caverneux tout droit venu du néolithique, M. Charles reprit les dés dans ma main et s'élança avec entrain.

—Hubert. De deux ans mon aîné. "Bezañ tev e voned" comme on dit. Littéralement, cela signifie "avoir le bonnet épais". On traduirait simplement par "obtus". Tout Hubert ! Ce borné présentait plutôt carré, fort compact et irrémédiablement laid. Je sais, c'est subjectif, mais quand cent pour cent des sondés approuvent cette sentence, il faut bien appeler un chat un chat et un laid un laid. Une certaine prestance pourtant, perturbée par la présence, de part et d'autre de son crâne d'australopithèque robuste, d'oreilles pour lesquelles la médecine de l'époque ne pouvait rien. Pauvre garçon et pittoresque silhouette. Il était élève dans la même école que la mienne. Son père était journalier et le resta. Le mien connut des débuts professionnels similaires, ardus donc, tout comme son propre paternel, qui lui-même, enfin, tu imagines le refrain. Il avait commencé chez un propriétaire terrien despotique au fin fond de la Bretagne.

—Je devine à ta moue dubitative qui ressemble fort à une *mouded-glaz* tout juste tombée du cul d'une rustique vache pie noire que je dois expliciter. Oui, une mouded-glaz, une bouse de vache, bref, en vérité, le journalier qu'il était, à défaut de n'être rien du tout, effectuait les plus ingrats des travaux que réclamait la terre, une sorte d'ouvrier-paysan. Travail dur, mal rétribué. Néanmoins, il fut le premier de la lignée à briser cette « prédiction à caractère automatique » qui voulait que le père transmette sa profession héréditairement.

En revanche, chez les Hubert, le poids de l'hérédité s'était matérialisé dans leur bêtise et moins grave mais flagrant dans leurs appendices auditifs pachydermiques. À force de rigueur et de ténacité - le Breton est têtu, dans ce cas-là, c'est une qualité - mon père devint tenancier, puis enfin propriétaire de sa propre terre. Une ascension sociale extrêmement rare ! M. Mériadec père était donc homme qui voyait plus loin que l'extrémité de son appendice nasal. Il appliqua cette vision d'avenir à ses propres enfants et n'hésita pas à dépenser ses maigres subsides dans nos scolarisations respectives. Pour payer nos outils de classe, mes parents se serraient la ceinture. Tout était bon pour mettre un franc de côté : moins de lard, moins de beurre, des chemises raccommodées à l'infini, et même le chapeau du dimanche à large bord en feutre qui restait fidèle au poste, malgré un aspect pitoyable qui aurait mille fois justifié qu'il fût changé. Je ne remercierai jamais assez mon vénérable père d'avoir compris qu'instruction rimait avec ascension, et d'avoir tout mis en œuvre pour nous éloigner de la misère dont il sortait à peine. Il me fallait dès lors, tout comme mes frères et sœurs, honorer ce sacrifice, travailler fort et apprendre toujours plus. Surtout, je me devais de quitter l'école primaire élémentaire, muni du glorieux certificat d'études ! »

M. Charles fixa Stanislas un instant, inspira tel un vieil aspirateur au sac débordant de poussière et expira comme une turbine de Messerschmitt d'avant-guerre. Il fixait toujours Stanislas qui le regardait l'air benêt.

—J'arrivais donc à l'école ce matin du 12 juillet 1906, avec huit kilomètres de marche dans les sabots. Après avoir longé le petit jardin scolaire, j'entrais dans la cour des garçons qu'un mur de pierre clôturait. Sur le côté droit, se tenait le préau des garçons. Un peu plus loin, les salles de classe… des garçons. Au fond, à gauche, les latrines…des garçons, avec urinoirs extérieurs. De l'autre côté du mur principal, en totale symétrie, la cour, le préau, l'école et les toilettes…des filles ! Après avoir déposé mon vêtement de pluie près du poêle chaud, je pris ma place attribuée à l'année sur la table-banc qui en comportait six. Il y avait deux rangées de cinq qui accueillaient au total soixante élèves âgés de six à onze ans. Un vrai défi pour notre institutrice que nous nommions « Mademoiselle ». Après l'appel, elle nous dit : « Ce matin, avant l'habituelle composition française, nous allons comme je vous l'ai expliqué hier, vérifier vos outils scolaires. ». Ce fut une matinée bien ennuyeuse. Pendant que Mademoiselle examinait scrupuleusement cahiers, livres, ardoises et plumiers auprès d'un enfant, les cinquante-neuf avaient pour consigne de relire leur manuel de morale, en particulier le chapitre intitulé « Courage, Amour de la véracité ». Après en avoir effectué trois lectures, pour le plaisir, j'attendais mon tour et calmais mon impatience en gravant discrètement le bois de ma table de petits signes secrets de mon invention... des *c'houitell*, des *chaflutenn*, et des *c'houitell* dans des *chaflutenn*, évidemment. Tu as compris, je suppose ?

– Euh...

– Des bites et des chattes, tu n'as jamais dessiné ça dans tes cahiers, sur les murs ou le front de tes ennemis dans la cour de récré ?

– Euh...

M. Charles toussa en riant, puis enchaîna.

– Revenons à notre chapitre. Courage, amour de la véracité donc... Un thème prémonitoire...Un sourire nostalgique rehaussé d'une pointe d'ironie accentua les plis de la commissure droite du conteur.

– Je n'entendais alors que bien peu à la vie politique de mon pays, la France. Mais dix ans de présence au milieu des hommes suffisaient bien assez pour comprendre qu'elle était fort complexe et source de conflits parfois violents. Si les enjeux nous dépassaient, nous avions pourtant déjà intégré que l'on pouvait donner sa vie pour elle. Et lorsque tout le monde prétendait avoir raison, cela n'empêchait ni les uns ni les autres de se perpétuellement chercher querelle, pour savoir qui de raison avait le plus ! Le douze juillet 1906, le jour de mes dix ans, donc, Hubert et ses oreilles se tenaient fièrement tous les trois derrière moi, dans la cour.

– Vive l'armée, mort aux traîtres !!

Le temps d'amorcer un stratégique demi-tour pour lui faire face et je reçus son poing sur le nez.

– Réhabilitation mon cul oui, Mériadec, t'es un traître. Mort au traître !! - Vociféra Hubert, la bave aux lèvres et les sourcils au garde-à-vous !

– Cela faisait quatre années qu'Hubert et moi nous crêpions régulièrement le chignon comme on dit. Les bagarres de cour se clôturaient systématiquement par des châtiments corporels agrémentés de lourdes punitions et privations. Le plus souvent, nous croisions donc le verbe plutôt que les poings. Ces joutes oratoires, plus ou moins grossières augmentaient progressivement les tensions et promettaient de futurs règlements de comptes toujours plus haineux. Le père d'Hubert, génétiquement flanqué de ses deux excroissances auriculaires, était un antisémite notoire. Le mien, paix à son âme, clamait haut et fort son parti-pris pour le Capitaine Dreyfus. Le sien ne savait pas lire ou si peu, le mien parvenait à déchiffrer « la Libre Parole », et s'abreuvait l'intellect dans « l'Aurore ». Vous savez, Stanislas, l'Aurore ?

Je parie qu'il sait !

– Un autre journal ?

J'ai gagné mon pari, et hop !

– Oui ! Et c'est en 1898, dans l'Aurore qu'Émile Zola - M. Charles interrogea le jeune homme sur un monde taquin – tu sais, Stanislas, Émile Zola…

Je parie qu'il sait et que ça va l'irriter...

Stan, qui manquait singulièrement d'humour, répondit hardiment un peu agacé :

– M. Charles, Zola, oui, quand même !

Et hop, encore gagné !!

– Alors je poursuis. En 1898, Émile Zola y publia sa lettre « J'accuse ». J'avais deux ans. Et mon père avait choisi son camp. Il en allait ainsi de la population française tout entière. On était pour ou contre Dreyfus. Dreyfusard ou anti-dreyfusard. Peu de place pour la neutralité ! Les uns étaient antisémites, ou nationalistes, voire les deux et ne juraient que par l'intérêt et l'honneur de l'armée. Ils s'accrochaient à d'anciens privilèges, de poussiéreux pouvoirs, comme on voit d'ailleurs les hommes politiques le faire encore aujourd'hui, aux dépens de la démocratie qu'ils sont censés représenter et défendre... Pffff. De l'autre, les révisionnistes. Ils demandaient que l'on recherchât la vérité et criaient justice ! Et puis c'est encore et toujours la même histoire mon garçon. La justice avance à pas comptés, met du temps à trouver le chemin de la vérité. Mmmmmais, elle triomphe toujours ! À titre posthume, parfois... Vois-tu, il aura fallu douze années d'attente, de honte, de souffrances, de supplices moraux et sociaux avant que le Capitaine Dreyfus ne soit réhabilité. Eh bien, ce grand jour pour la justice fut aussi celui de mon anniversaire, et j'en suis fier !! Le capitaine Dreyfus était reconnu innocent et réintégré dans l'armée au grade de chef de bataillon. Et moi promu à celui de première décade !

— Zola devait être soulagé !

— Émile Zola, le pauvre, n'eut pas le loisir de savourer cette éclatante victoire de la justice sur l'intolérance. Il était mort quatre ans auparavant. La vie est vraiment injuste, *gast* !

— Une petite figue pour fêter ça ? lança le jeune homme.

— Diantre. Stanislas, voici enfin revenu ton altruisme. Tu ne respectes pas les termes du contrat, puisque je n'ai pas fini, mais c'est ta générosité qui parle, laissons-la battre en brèche un règlement qui est souvent, comme ma *bitouzen*, bien trop rigide !

Stan pensa comprendre le sens de ce nouveau terme breton et sans en demander la traduction, sortit de sa besace un sac de papier kraft duquel il fit jaillir une première figue, dodue, splendide, potelée à souhait, ferme et moelleuse à la fois, dont quelques perles de sucre suintaient, prometteuses. La perfection faite fruit. Il la tendit à M. Charles qui, avant de s'en saisir avec une « avidité retenue », dit à Stan :

— Savourons ensemble ce nectar granuleux. Et si tu veux me faire vraiment plaisir, Stanislas, pour accompagner dignement ce délice fruité, je ne refuserais pas une belle tartine de beurre, comme on dit chez nous. Du beurre salé, hein, jeune Stanislas ?!!

— Le contraire m'aurait étonné. M. Charles, je ne risque pas d'oublier vos origines de l'ouest de l'Ouest. Je prépare ça.

— Tout juste. Voilà une manie alimentaire d'origine

nantaise pour être précis, que les vrais Parisiens exècrent ! Stanislas, je dédie cette dégustation à ... Madame Marthe Quelet, pour qui j'ai un petit béguin !! Tiens, savais-tu - demanda-t-il à Stan en plantant son dentier une première fois dans le fruit mûr - que les parents de Mme Quelet tenaient, il y a un temps certain, la maison L. Quelet. Dans la Creuse ? - Le jus coulait au bord de ses lèvres jusqu'au menton, ce qui ne l'empêcha pas de continuer en bavouillant - Et sa sympathique maman eut l'occasion d'offrir un béguin creusois à Madame Poincaré elle-même ! Admirable, non ? »

—Euh... Oui. Avoir le béguin, je crois comprendre, mais, « offrir un béguin », là, je ne sais pas…

—Légitime, car en vérité, ce n'est plus très à la mode. Un béguin était une coiffe pour dame. Ou pour fillette. On l'attachait sous le menton… Dis-moi Stanislas, tu pourrais peut-être m'essuyer justement non, tu ne vois pas que j'ai le menton luisant ?

Quand je pense qu'un jour je serai comme ça, que je me baverai dessus... Dégueu !

Stanislas s'exécuta en s'excusant et M. Charles poursuivit.

Tiens la prochaine fois, je lui demanderai de changer ma couche. Bon, je ne porte pas de couche Dieu merci mais je suis curieux de voir sa tête !

—On l'attachait sous le menton, justement, avec une bride colorée. C'était très élégant. Sobre et coquet. Voilà voilà, mon bon ami. Je te propose, en parallèle de notre dégustation, de reprendre le cours de ma petite histoire.

Il croqua de nouveau dans la figue, lécha ses doigts un à un sans retenir les bruits de sa bouche et ses petits grognements de plaisir.

– À cette époque-là, en Bretagne, il y avait, comme tu l'avais compris, deux écoles primaires dans notre commune. L'une pour filles, l'autre pour garçons. Et je me rappelle aussi que malgré la loi concernant la séparation de l'Église et de l'État, les instituteurs faisaient encore la prière à l'école et enseignaient le catéchisme en dehors des heures de classe ! Stan intervint poliment :

Pardonnez-moi, mais ils étaient en quelque sorte hors-la-loi ?

– Bah, il s'agissait de concessions faites à l'esprit clérical et destinées à se concilier les populations…

– De la même façon qu'aujourd'hui, les enseignants donnent des devoirs écrits à la maison, malgré l'interdiction réglementaire. C'est une concession faite aux parents qui en sont demandeurs ?

– Cela y ressemble, en effet. Quoi qu'il en soit, pour ma part, j'ai très tôt été féru d'incantations divinatoires, et je reste aujourd'hui profondément croyant. Je saute du coq à l'âne… Tu demanderas à Mademoiselle Énora de retrouver dans ma malle, le manuel d'orthographe que j'avais en ce temps-là. « J'apprends l'orthographe ». Publié aux éditions Hachette, il me semble. Je m'en souviens encore, la couverture présentait deux écoliers, une fillette et un jeune garçon, assis côte à côte devant un tableau noir. Étonnement, chacun était affublé d'un bonnet d'âne. Je ne te ferai pas l'outrage de t'en expliquer la signification, mais cette illustration, pour moi, entrait en totale contradiction avec la mission de l'ouvrage : tu avais là un livre destiné à faire de toi un parfait linguiste, dont la première image vantait les plus médiocres des performances scolaires. Paradoxal, non ?

Je l'ai perdu, allez, retour à Bébert !

—Je vois à ta nouvelle moue dubitative qu'il est préférable de revenir à Hubert. C'est plus parlant. Nous en étions à cette date anniversaire. Ce jour de gloire, rappelle-toi, ne l'était pas du tout pour notre nationaliste au système auditif surdéveloppée. À moins d'œuvrer à sa propre glorification, en visant une victoire aux poings lâchement acquise. En l'espace de deux secondes, j'étais donc à terre, le nez en sang, entouré des enfants de la cour, s'injuriant à qui mieux mieux, encourageant avec vigueur leur héros respectif. « Protégés » par le cercle des camarades qui faisait rempart aux inquisiteurs regards adultes, nous avions moins d'une minute pour régler notre éternel différend. Je me levais d'un bond, fit semblant de tituber en me rapprochant de mon adversaire et lui criais soudainement un dévastateur *frougadell !* Je venais de le traiter de fosse à purin et ajoutais alors qu'il venait de laisser choir son mouchoir… Profitant de son inégalable naïveté, je lui décochais avec précision un coup de pied entre les jambes, dans les *istribilhou* ! Cela valait bien une sournoise attaque dans le dos ! Le pauvre diable vira au vert-de-gris et s'affala lamentablement au sol comme une grosse *mardoz* bovine.

Suivirent quelques secondes magiques. Je fus le centre de mon petit monde. Le vainqueur acclamé par le tumultueux petit peuple des écoliers, le pied vengeur de la justice scolaire ! Sacré Hubert. Il avait la rancune tenace. Le privilège de la bêtise.... Bête et patriote. Bête au sens de faible d'esprit. Patriote, au sens noble, enfin, je croyais à l'époque qu'être patriote était noble, mais qu'importe. Sacré Hubert... Bébert. Il est mort en 1915. Le 14 avril 1915, pour être exact.

En fait il n'était pas bête, il était complètement con mais bon, je ne vais pas casser les rêves de mon studieux étudiant ! En parlant de rêve, je piquerais bien un petit roupillon moi...

On sentit tout à coup le vieux monsieur s'éloigner. La lumineuse flamme de la victoire n'était plus que volute grisonnante et opaque. Le vieil homme recouvrit alors l'aspect plus conventionnel que laissait supposer son âge : on eut dit l'improbable progéniture d'une femelle kangourou penchée sur sa poche et d'un mâle shar pei généreusement plissé. Les classiques attributs de la fin de vie reprenaient leurs droits : la peau du visage redevenait du carton torturé aux arêtes et aux angles proéminents. Ses mains se crispaient petit à petit sur le dernier morceau de « tartine de beurre », ankylosées, accentuant les reliefs osseux et veineux. Le menton tombait pesamment sur la poitrine. Le regard se figeait puis donnait la sensation qu'il s'était finalement tourné vers l'intérieur, pour visiter les paysages sombres et lancinants du passé. Les yeux froids, devenus vitreux, livides, étaient plombés par des sourcils en fouillis, pesant tout le poids des tragédies anciennes, ils disaient « souvenirs tristes ne pas déranger. »

Le vent venait de face, Stanislas roulait à faible allure sur son Solex et il avait encore à l'esprit la silhouette ternie du vieil homme. L'un des rares humains pour qui il pouvait ressentir de l'empathie et il en était sincèrement triste. Ce n'était pas la première fois et s'il essayait tant bien que mal de gérer cette espèce d'ascenseur émotionnel, il continuait de le subir à chaque fois de plein fouet. Il aurait voulu trouver des mots pour remettre M. Charles sur des rails plus joviaux, ou à tout le moins atténuer sa peine, mais il ne savait comment s'y prendre et restait désespérément mutique. Il se savait absolument nul relationnellement, avec qui que ce soit, même avec « son » centenaire, c'était tout dire.

Après de nombreuses rencontres, Stan avait réalisé que M. Charles ne délivrait finalement que des anecdotes certes vécues, parfois drôles, parfois terribles, mais jamais rien sur sa vie familiale, sa vie professionnelle, sa vie amoureuse et il s'en contentait volontiers. Après tout, ces témoignages, il les écoutait, les savourait, comme les histoires qu'un père lit à son enfant le soir avant de dormir. Quelque chose dans le genre, se disait-il, même si ces narrations l'empêchaient précisément de temps à autre de s'endormir avec quiétude.

Stan vivait dans un garage auto ancestral, lui aussi, anciennement tenu par un mécanicien sans âge, comme les véhicules qu'il accueillait à l'époque. Surnommé Tournevix par ses anciens clients, en référence à l'univers d'Astérix et Obélix, l'homme, affublé de sa petite moustache gauloise aimait introduire les mains dans les entrailles mécaniques, comme un gynécologue appréciant d'atteindre les tréfonds de l'intimité féminine. C'est M. Charles qui avait fait cette comparaison le jour où Stan lui décrivit son habitat. Pour lui, la motivation du mécano était parfaitement louable car sans équivoque. Par contre, il avait toujours pensé que ceux qu'il appelait les toubibs-foufounes n'étaient que des hommes sexuellement frustrés, ayant choisi ce « métier » pour satisfaire leur malsaine curiosité, leur vile perversité. Sous couvert du serment d'Hippocrate, ces hypocrites mataient toute la journée des sexes de femme offerts avec ou sans pudeur, les examinaient sous toutes les coutures, les fouillaient à volonté. Il estimait légitime et bienséant que lui, à l'époque, fut le seul homme susceptible de telles pratiques avec « sa » conquête du moment et exigeait d'elle que son gynécologue soit une femme. Il ne reçut que des réponses positives.

Quant à Tournevix, Stanislas ne savait rien de sa vie conjugale, encore moins de ses orientations sexuelles, mais connaissait sa totale absence de sectarisme vis-à-vis des voitures. Françaises, anglaises, allemandes, italiennes, japonaises, russes. Il était « l'homme qui murmurait aux cylindres des autos ». Tout ce qui avait au moins deux roues et un moteur lui parlait, chantait à ses oreilles et méritait son attention, sa délicatesse, autant que son expertise et son savoir-faire. Aujourd'hui à la retraite, il continuait de s'occuper du seul véhicule qu'il avait conservé. Une Facel Véga de 1957, modèle rarissime qui avait connu en son temps ses lettres de noblesse. Un vrai coupé à la Française, grand tourisme sportif, original, élancé, gris métallisé, très « classe ». Il visitait Stan de temps en temps comme un vieux drogué en manque pour se faire un shoot avec l'odeur unique de ce lieu, savant mélange de métal, d'huile, d'essence et de sueur qui n'avait jamais totalement disparu.

Stanislas avait aménagé cet endroit à sa façon, c'est-à-dire très peu, en respectant quasiment à l'identique le lieu et son ancien propriétaire. Il vivait donc dans un garage auto. Toute la déco était « dans son jus ». Les murs en ciment brut, variant du gris au marron en passant par l'ocre foncé, étaient partiellement recouverts de posters d'anciennes voitures, de plaques de marques disparues. Delahaye, Alpine, Austin Healey, Berliet, Hotchkiss, ou encore Sunbeam ou Simca... Quelques femmes égayaient des calendriers Pirelli. Avec leurs courbes accentuées, elles s'accrochaient encore entre deux déchirures dans un dernier sursaut aussi héroïque qu'érotique.

Le bureau d'accueil lui servait de mini cuisine, et le comptoir tenait lieu de bar sur lequel il mangeait avec du petit matériel de camping acquis chez Emmaüs qui lui suffisait parfaitement. L'atelier constituait sa pièce à vivre. Il y avait aménagé un « coin tranquille » sur le côté, avec un vieux fauteuil club en cuir marron. S'y affaler, harassé, était un de ses rares plaisirs. Mais aussi fatigué fut-il, jamais il ne le serait autant que CE fauteuil, car il avait accueilli des milliers de postérieurs dans le cabinet du médecin du village qui le lui avait donné lorsqu'il renouvela sa déco. Laminée, la peau du bovin sacrifié. Affaissée par des milliers de paires de fesses. Des menues, des dodues, des fermes, des flasques, des gaies, des miséreuses, des charnues, des liftées, des confortables, des anguleuses, des plissées, des saillantes, des tombantes... Et Stan se plaisait alors à comparer les innombrables éraflures des accoudoirs à des marques indiquant le nombre de conquêtes du propriétaire, comme le faisaient les aviateurs en période de guerre en dessinant une croix par avion ennemi abattu sur le fuselage de leur avion.

Il n'aimait pas la télé, mais avait malgré tout récupéré un vieux poste noir et blanc, un jour d'encombrants, afin de pouvoir de temps en temps regarder une émission qu'il estimait réellement intéressante. Elle était encastrée au centre d'un pneu de camion, face au fauteuil. Quand Stan n'avait pas le moral, il le faisait rouler sur le côté de telle manière qu'il voyait l'image à l'envers. Il pensait que ça lui ressemblait. À droite du fauteuil, posée sur une jante de tracteur, il pouvait saisir de la main, sans effort, la télécommande qui actionnait son système audio. La musique constituant son seul luxe. C'est dans ce domaine qu'il avait investi le peu d'argent qu'il avait réussi à mettre de côté. Pour le prix d'une petite voiture neuve, il s'était offert une installation exclusivement composée de matériel hi-fi très haut de gamme.

L'ampli *in the Air,* d'apparence massive, presque vintage, mais d'une beauté sobre avec son capot en bois et ses boutons peu nombreux, n'en restait pas moins un must de l'électronique à tube. Le lecteur de CD *Farwell* possédait des joues en bois et une façade acier générant finesse et précision d'ouverture. Il avait choisi des enceintes *Paul Austin,* modèle XD : deux splendides colonnes de bois d'un mètre trente qui recréaient le son de façon tellement réaliste que Stan, en fermant les yeux, pouvait facilement se croire au milieu d'une salle de concert et qu'en tendant la main, il toucherait les instruments. Il percevait parfois le souffle même d'un musicien. Les détails techniques étaient très poussés, jusqu'au vernis mat, choisis afin d'éviter des phénomènes de réflexion des aigus, ou le support en acier spécial dont la forme, élaborée selon des calculs effectués par interférométrie laser, permettait de canaliser les vibrations et d'assurer d'excellentes prestations acoustiques.

Au centre de la pièce trônait le pont élévateur hydraulique à quatre colonnes, encore fonctionnel. Comme sur un catamaran, il avait tendu entre les deux rampes d'accès parallèles, destinées à recevoir les roues, un filet aux mailles serrées, récupéré chez un marin ami de Tournevix, qui lui servait de lit. Il adorait, chaque soir, actionner le gros bouton rouge de la télécommande et se sentir monter à presque deux mètres du sol. Dans les moments de grande folie, il se faisait un petit plaisir en s'autorisant une « visite parc d'attractions » qu'il appelait le « yoyo », en actionnant plusieurs fois la montée-descente.

Le toit de sa « maison » était en tôle ondulée transparente. Stan se souvenait d'ailleurs très bien de sa première nuit passée à écouter, regarder la pluie s'y écraser parce qu'à la radio, passait « nuages », une chanson du groupe *Spirale,* dont l'histoire collait parfaitement, le hasard faisant parfois bien les choses, aux circonstances et à l'atmosphère. La musique ondulait, oscillait entre électro douce et tribale entêtante, les paroles le faisaient voyager.

Tissus couvrants, là, ici, chaleur, draps, corps
Découvrant, là, ici, toute proche, la foudre dehors
Illumine une seconde encore
Tes courbes, les ombres sur les murs
Comme un film de noir et de blanc purs
L'air, encore tiède, sans armure
Dodues, les gouttes de pluie
Martèlent le plafond de verre
Toutes rondes, les gouttes de pluie
Entonnent leur chant clair
Tu entrouvres les yeux, les regardes
Exploser les kamikazes bleutés
Rendors-toi, je te protège, et te garde
Écoutes mes mots et rêve, mon ange ailé

Ce soir-là, avant de s'octroyer une pause musicale bien méritée, Stanislas sortit par la porte arrière, traversa une longue et étroite cour bitumée décorée d'auréoles d'huile usagée qui la faisait ressembler à une vieille peau de girafe. Il atteint la barrière de bois et de fils barbelés, derrière laquelle une chèvre et ses deux petits broutaient encore. Elles appartenaient à Norbert, l'agriculteur qui vivait à côté. Contrairement à lui, elles étaient sympathiques. C'étaient des Saanen, toute blanche. Il les aimait bien, d'abord parce qu'elles n'étaient pas humaines, ensuite parce qu'elles étaient très joueuses. Il passait parfois des heures à les regarder évoluer. Les deux chevreaux étaient les plus turbulents et adoraient sauter, grimper sur les quelques rochers disponibles, se quereller gentiment. Il avait découvert qu'elles étaient capables de le reconnaître, surtout depuis qu'il ne venait plus les mains vides. Il leur tendait une poignée de friandises. Les chèvres les adoraient et le lui rendaient bien en se laissant caresser le museau avec une délectation ponctuée de petits bêlements.

Elles n'atteignaient cependant pas la qualité de relation nouée avec Noémie, la truie. Elle « résidait » chez Mme Moulin, dont la propriété jouxtait celle de Norbert et son propre jardin. Stanislas donnait aux chèvres des petits légumes qu'il piochait dans ses réserves et à Noémie les restes de ses repas. La truie mangeait absolument de tout. Ce n'était rien de dire qu'elle était omnivore et opportuniste ! Trop vieille pour bénéficier des faveurs d'un verrat, n'ayant plus de nourrain à allaiter depuis longtemps, elle était devenue boulimique et s'était même régalée des poteaux de son enclos, à l'époque où ils étaient en bois. Depuis, ils avaient été changés au profit du béton. Elle se consolait en s'y frottant la couenne, en poussant des couinements langoureux et jouissifs ! Elle ingurgitait quotidiennement en remuant la croupe de plaisir des kilos de céréales, de tubercules et racines, légumineuses, fourrages et aussi des mulots, des oiseaux morts, des taupes, des papiers gras, des canettes de bière. Stan l'avait vu une fois ruminer un des tampax usagés de Mme Moulin ! Aujourd'hui, elle se contenta avec un plaisir cependant non dissimulé, agrémenté de grouinements joviaux, du reste de pain rassis de la veille.

Stan retourna ensuite s'affaler dans son large fauteuil d'un âge aussi respectable que celui de M. « Cambouis », l'autre nom de M. Tournevix, prit la télécommande de sa chaîne hi-fi, et démarra la lecture de l'adagio d'Albinoni. Ses vieux CDs s'enchaînaient les uns après les autres. Prokofiev, Bach, le requiem de Mozart, puis celui de Verdi, L'Allegro hivernal de Vivaldi, Asturias. Des musiques prenantes, sombres, en adéquation avec ses turpitudes cérébralo-existentielles.

Le réveil programmé sur le téléphone de Stan sonna. Il était 22 h 33. Comme à son habitude, il était temps d'entreprendre son petit rituel du coucher. Il ôta seulement ses baskets, rejoint son hamac géant et s'y laissa choir de tout son long, savourant ce lit presque trampoline qui épousa ses formes selon une perfection annonciatrice d'une bonne nuit. Il fit monter le pont, déclencha son éclairage de chevet, une lampe torche défraîchit prévue pour éclairer le châssis ou le moteur des voitures. Puis il passa la main sous son oreiller ergonomique en mousse à effet mémoire pour en extirper son livre de chevet. Il écarta les feuilles de son fascicule fatigué et peu épais, à la pliure laissée la veille.

C'était un recueil de courtes nouvelles allant d'un érotisme presque poétique, à des histoires au caractère pornographique plus affirmé. Stan s'obligeait chaque soir à n'en lire que quatre pages, s'arrêtant le plus souvent alors que son excitation était bien réelle, générant ainsi une frustration souvent à la limite du supportable, et d'autant plus pénible à gérer qu'il s'interdisait toute action onanique tant qu'il ne serait pas parvenu à la dernière page de l'histoire en cours. Un peu maso… mais cela avait le mérite d'affûter sa capacité à se maîtriser dans toutes sortes de situations délicates et autres circonstances frustrantes, et puis il avait retenu la citation de M. Charles à ce sujet, qui lui lança un jour *Arabat hadañ e-kichen an ant* ce qui signifiait métaphoriquement il ne faut pas semer à côté du sillon et, prosaïquement, ne pas éjaculer hors du vagin et donc ne pas perdre sa précieuse semence !

Natalya arriva sur le bord de la plage. La chaleur était presque étouffante... Elle commença à scruter les dunes, quasiment déserte. « J'adore cette ambiance » se dit-elle, j'aime bien regarder les vacanciers déjà installés, ensuite m'allonger, puis me relever, lentement, aller me tremper, juste le temps que l'eau fraîche glisse sur mon corps, me procure cette délicieuse petite chair de poule qui gagne jusqu'aux pointes de mes seins, les dressant sous le tissu de mon petit soutien-gorge, et me reposer enfin sur la serviette au soleil, le temps de me réchauffer… ça fait monter le désir… La naïade fermait alors les yeux, et parlait, intérieurement : « *Je t'imagine, toi, mon amant, pervers, volontairement installé non loin, allongé en train de mater discrètement mes seins, mes cuisses, de savoir que je sais que tu regardes et que je sais que tu durcis pendant que je me mets de la crème... Jusqu'alors sur le côté, tu te positionnes finalement sur le ventre, afin de cacher ton excroissance grandissante. Le sable ne s'enfonce pas suffisamment et s'oppose mollement à ton sexe, en accroissant sa taille.* Natalya pensait alors à ce que ce mâle désirable aurait pu imaginer. Elle adorait ces petits jeux de l'esprit, quand il s'agissait de se mettre alternativement dans la peau des personnages qu'elle s'inventait, jusqu'à penser comme eux. « *Ma belle, je sais que tu sais que je regarde, par intermittence, que tu alternes coups d'œil puis imperceptibles mouvements du bassin pour attiser mon excitation... et la tienne. J'apprécie tes formes, tes seins aux pointes encore durcies par le contact de l'eau qui tendent le textile de ton maillot, ton ventre plat dont le nombril abrite encore quelques gouttes d'eau lascives. Plus bas, j'imagine la cohabitation mouvementée, aux effets aphrodisiaques, de l'eau de mer, de ta propre sueur naissante, de la sève que ton sexe se laisse aller à sécréter, aidé par la chaleur du soleil, et celle de nos regards croisés. La crème étalée sur ton corps accentue tes courbes, rend ta chair plus désirable. Parfois, je soulève mes fesses, repousse négligemment quelques grains de sable indésirables, puis cale à nouveau mon bassin dans son empreinte profonde et encore chaude. »*

Stan ne tourna pas la page, bien que son érection naissante malmenât la braguette de son jean et en soit devenue douloureuse. Il en replia soigneusement le coin supérieur droit, referma l'ouvrage, éteignit la lumière, ferma les yeux… et « pénétra » dans le sommeil, fier de lui et de sa force de résistance… sa bandaison s'assoupit presque aussi vite qu'il avait refermé son livre…

Au milieu de la brume, il reconnut alors, dans la cour de l'école, M. Charles. Enfin, Charles. Le petit Charles, écolier breton avec ses gros sabots aux pieds et son short râpé. Au fond, ce devait être Hubert. Ses oreilles décollées ne laissaient aucun doute sur son identité. Puis naquit un brouhaha et des cris, des invectives, des gestes grandiloquents et anarchiques... un regroupement... la cohue semble s'organiser. Il y a bien une trentaine d'enfants, en cercle, vociférant, et au centre de la ronde, les deux éternels rivaux. Le surveillant, M. Le Guillou, occupé à boire son café dans la salle des professeurs, bien au chaud, ne réagit que maintenant. Il court en levant exagérément les genoux. Élève la voix, couvrant à peine celle de la masse frénétique des petits hommes. Joue des coudes, scinde l'anneau et découvre en son centre… deux cocottes en papier inertes, aussi insolentes que ridicules… Le pion, prit d'une rage incontrôlable, saisit par le col le premier enfant à sa portée, le soulève de terre dans un geste précis que seules des années de pratique autorisent.

Il l'agite, mais aucun son ne sort de sa gueule béante... C'est le gamin, terrorisé, qui écarquille les yeux, ouvre le bec comme un jeune coucou recevant sa pitance et... recrache le mauvais repas illico sur le veston de l'adulte hystérique et muet ! Il vomit son petit-déjeuner, son repas de midi, les pommes de terre, les épluchures. Entre chaque jet de nourriture mélangée à la bile, il crache des étiquettes cartonnées recouvertes de mots qu'il n'a pas le temps de choisir, sa langue, déjà occupée à laisser passer ses gerbes ne pouvant pas tourner sept fois dans sa bouche !! Les autres enfants, tous, accourent pour profiter du spectacle, crient de plus belle en ramassant les mots.

Soudain, le silence se fait. Total. De plomb. Le cerbère cesse d'éructer, conscient de son impuissance et ferme la bouche. Ses doigts desserrent lentement leur étreinte, laissant l'enfant glisser jusqu'au sol, vertical comme un phare breton au milieu de l'océan. Apparemment calme, il rejoint ses camarades, déjà rangés deux par deux. Puis la procession s'ébroue et entame sa marche vers l'entrée des classes. Lorsqu'elle défile à hauteur de M. Le Guillou, statufié, chaque enfant lit à haute voix le mot inscrit sur sa petite étiquette, d'un ton réprobateur : chapon ; guillotine ; bolchevique ; bourreau ; blaireau ; cloche ; tortionnaire ; mauvaise ; nouvelle ; vengeance ; sonnerie ; matin ; réveil...

C'est à ce moment précis que celui de Stan s'ébroua. Il était 9 h 09.

Après avoir mis au micro-ondes, dans la même assiette,

le reste de saucisse de l'avant-veille coupée en rondelles et les frites molles d'hier, Stan attendit le signal du début du petit-déjeuner. Il était déjà 10 h 10. Raide comme l'appendice caudal d'une star du porno, parfaitement immobile, il se tenait devant la fenêtre. Seul son visage surplombait un vieux rideau défraîchi qui laissait au-dessus de lui vingt centimètres de visibilité. Il en profitait pour regarder chez les voisins d'en face, de l'autre côté de la rue… Peu d'activités à cette heure, la plupart des habitants étant déjà partis travailler. Restait madame Madeleine, une charmante petite vieille qui lui avait déjà fait des avances. Stan l'apercevait dans sa cuisine. Elle se préparait un thé de la main gauche tandis que la droite fouillait sous sa robe de chambre rose fuchsia à la recherche d'un vraisemblable et ancestral témoin d'une longue vie de luxure. Madame Madeleine était bien active encore, et pratiquait ainsi à longueur de journée des attouchements sur ses zones les plus érogènes. Stan se demandait parfois s'il ne devrait pas favoriser un rapprochement entre cette aïeule obsédée et M. Charles qui ne l'était pas moins.

*

— Toc toc toc, coucou, c'est moi ! !

Énora, jeune infirmière en tête de la liste rose de M. Charles faisait son entrée théâtrale dans la chambre ! Comme à son habitude, elle n'avait qu'entrouvert la porte et laissé voir son pétillant minois : un visage tendrement triangulaire, adouci par un menton et des pommettes aux petites lignes courbes. Coloré d'une teinte entre miel de bruyères et caramel anglais, il était la séduisante synthèse de ses origines afro-asiatico-européennes. Les cheveux abondants, noirs comme du Zan, frisouillaient aujourd'hui de façon anarchique dans toutes les directions sous la forme d'un « carré boule afro », sans pour autant cacher ses deux grandes boucles d'oreilles créoles. La bouche occupait un bon quart de sa bouille de gamine heureuse. Deux lèvres délicatement rebondies aux contours finement dessinés délimitaient une dentition blanche et généreuse. La canine supérieure droite passait légèrement sur sa voisine incisive ce qui contribuait à son originalité autant qu'à son charme indéfinissable. Un sourire serein, tendance narquoise, toujours en éveil. Le bout du nez restait une des rares concessions au genre européen. Quant aux yeux, ils ressemblaient à de grosses olives vertes parfois mordorées et brillantes, serties dans une monture en forme d'amande très douce. Plutôt grande, mince, limite maigre, Énora était pourvue d'appendices mammaires peu proéminents, « 80 A » selon M. Charles, et de fesses musclées et bien rebondies. Cou fin et allongé, cambrure naturellement accentuée et musculature très sèche se conjuguaient, lui procurant une silhouette élancée.

M. Charles, pour les raisons que l'on sait, et Stanislas, peut-être - qui pouvait savoir - attendaient avec impatience la suite du show : miss Énora les gratifiait alors d'un fugitif, mais Ô combien esthétique lancé de jambe, avant d'entrer entièrement dans la pièce. Gentiment émoustillés, les deux hommes pouvaient accueillir Énora, chacun dans son style.

—Demat Mlle Énora, élégante liane des îles, vous m'apparaissez enfin, dans toute votre gestuelle gracile. Merci d'exister, merci d'être là - déclama M. Charles.

Énora accompagna cette élégante déclaration par une prompte et légère génuflexion, tandis que Stan enchaînait timidement :

—Bonjour... Énora.

Elle remarqua en souriant la petite queue de la figue de la dernière séance avec Stan, délicatement posée au sommet du tableau du *Santig Du*, le saint breton à la robe noire, fixé au-dessus de la tête de lit de M. Charles qui était resté très pieu. Il chantonnait d'ailleurs parfois tout ou partie de la prière de ce saint homme :

La nuit au pied de son lit froid
Le petit saint noir se prosterne
L'hiver émiette un pain de son
Sur la table mal équarrie
Et Jean s'étonne que ses mains
Ravaudent la peine des hommes

S'offrent au pain quotidien
Que les pauvres vont mendier
Dans la rue où pestes et guerres
Peurs aussi des lèpres humaines
Fléaux ravageant de leurs maux
Poussent à la fuite à l'exil
Alentour et sous les vents forts
Moissons font landes et chardons
Alors que pourrit la campagne
L'aire est nue en ces temps de pluie
Qu'importe ! L'heure est incertaine
Jean Discalcéat se relève
Un souffle ou un signe l'appelle
Hors le jardin du prieuré
Sans peur aucune va-nu-pieds
Il franchit la crainte et apaise
D'un don de force la souffrance
La grande souffrance des hommes
Au fond de leur gorge éreintée
Des femmes aux seins ravagés
Laissent à la douleur aller
Leur âme et leurs maigres enfants
Sûrement que les ciels désirent
Sauver enfin ce pauvre sol !
Et Santig du le tout aimant
Épuise la nuit de sa prière.

—Grand merci à tous deux, Messieurs les Gentlemen. Laissez-moi vous regarder… Vous allez bien ça se voit, je ne vous demande donc pas comment vous allez !

Stanislas, vous m'aidez à installer M. Charles sur son lit !

Énora était toujours ainsi. En perpétuel mouvement, gestes et paroles alternaient, s'alimentaient copieusement. Elle était ce qu'il convient d'appeler « une jeune femme dynamique ». Doux euphémisme pour une hyperactive ! Sans se faire prier, Stanislas prit position à gauche du fauteuil roulant, faisant face à l'infirmière. Même dans cette position incongrue, il restait plus petit qu'elle. Ils saisirent M. Charles, une main sous l'aisselle, l'autre sous le genou.

— À trois on bouge. Un, deux, trois !!

Ils soulevèrent le vieux monsieur qui arborait le sourire exagérément satisfait du nouveau César, posant enfin son auguste postérieur sur la chaise curule, puis le déposèrent avec précaution sur les draps bleu ciel presque blancs.

— M. Charles - expliqua Énora en saisissant entre pouce et index droits un thermomètre rectal - vous êtes un homme érudit, alors je vous laisse – et en regardant Stanislas, rectifia – NOUS vous laissons utiliser cet instrument barbare comme vous imaginez qu'il doit l'être. Et heureusement que je vous sais perspicace parce que je suis incapable de vous faire un dessin. Allez-vous avez cinq minutes ! Hop !

— Plutôt trépasser sur l'instant !! répliqua M. Charles

— Cinq minutes, vous avez cinq minutes – dit-elle en déposant l'objet fuselé dans la main de M. Charles.

Énora et le jeune homme quittèrent la pièce et attendirent debout à côté de la porte, adossés au mur, dans le couloir.

—Énora, vous n'avez pas d'autres thermomètres plus simples à utiliser, genre frontal ? … Ce n'est quand même pas très… facile pour lui, si ?

Elle émit un petit gloussement.

—Monsieur le ténébreux étudiant, sachez que nous sommes à la pointe de la technologie. Oui monsieur. Mais aussi de la réflexion. Ne m'regardez pas comme ça ! Je donne à M. Charles le thermomètre le moins pratique afin de l'obliger à se contorsionner et à faire une petite gymnastique du buste. C'est bon, ça, la gym du buste ! Vous saisissez ?

—Vu sous cet angle…

—Oh, je n'vous conseillerais pas d'aller voir, ni sous cet angle, ni sous un autre !! Meuuuuh non, j'plaisante ! M. Charles est dans un état de fraîcheur physique sidérante vu son âge ! Très bien conservé. Une bonne alimentation, un esprit jeune et libre et voilà le résultat ! J'me demande même s'il n'aurait pas falsifié ses papiers, il aurait 20 ans de moins que ça ne m'étonnerait pas !

Elle fit mine de réfléchir et enchaîna.

—Il devait être pas mal, plus jeune… Moui, comestible sûrement Mister Charles !!

Et elle éclata d'un rire sonore chantonnant sans pouvoir s'arrêter : comestible ! Comestible !

—C'est bon, on a compris, répliqua Stan, visiblement irrité.

Elle a vraiment aucune limite celle-là, elle a de la chance d'apprécier M. Charles… Et d'être... jolie. Pfff.

Mais quel peine-à-jouir celui-là, il a de la chance d'aimer M. Charles... Et d'être beau gosse, j'te jure !!

L'infirmière attendit un court instant avant de pouvoir parler intelligiblement et, bien que secouée de petits spasmes rigolards et intermittents, répondit :

—Je dis ce que je pense, comme je le pense. Il n'y a aucune méchanceté. Ahhhhh... Mais je sais ce qui vous gêne, en fait, Monsieur Stanislas, le beau ténébreux, c'est plutôt que j'apprécie ouvertement les qualités d'un autre que vous... Hum ? Non ? Hein, hum ?! Il est jaloux le Stanislas ?

—Pff. J'aime bien M. Charles, c'est tout. Un peu de respect, quoi.

L'infirmière le fixa droit dans les yeux.

—Haha, mais moi aussi je l'aime bien, et vous le savez... TRÈS... BIEN !

*

Stan était passablement agacé et soumis à des sentiments conflictuels. Attirance et rejet. Sa nature profonde le poussait à rester le plus éloigné possible de ses semblables. Femmes ou hommes, indifféremment. Sa propre histoire familiale n'était bien sûr pas étrangère à cette anthropophobie précoce. Enfant abandonné, il vivait depuis à peine plus d'un quart de siècle sans la moindre information concernant ses géniteurs. Il imaginait, avec un certain réalisme, que le « mâle » était parti aussi vite qu'avait jaillit sa semence. La femme l'avait ensuite abandonné après un classique accouchement sous X. Eh bien que quelques lectures sur le sujet lui aient permis d'imaginer qu'il pouvait malgré tout être la résultante d'un acte d'amour et que sa génitrice se soit séparée de lui à contrecœur, il estimait, en en rajoutant sans savoir pourquoi, que tout était laid et glauque dans son histoire : un père alcoolo, irresponsable, violent, une mère alcoolo, irresponsable, violente et sans instinct maternel de surcroît… Il n'en savait rien en vérité, mais cette version s'était imposée à lui sans qu'il n'en ait conscience et encore moins la maîtrise. La vie ne lui avait fait aucun cadeau. La roulette russe des familles d'accueil et autres foyers qu'il avait côtoyés pendant sa jeunesse ne l'avaient pas aidé à apprendre la confiance en l'autre. Brochette de mauvaises pioches. Stanislas était devenu un jeune adulte à la limite de la misanthropie, aigri, méfiant, solitaire. Lorsqu'il percevait un enjeu relationnel, il perdait ses moyens. Difficile de prendre la parole, quant à séduire une fille... Phobie sociale. Énora, dans ce contexte, s'avérait trop gaie. Trop heureuse. Cette facilité à jouir de chaque instant l'insupportait. Elle était son exact opposé, pouvait dire ce qu'elle pensait, sans retenue et ne s'en privait pas. Elle le malmenait, se moquait de lui sans vergogne et lui se sentait totalement dépassé, démuni. Il n'aurait pas accepté le quart de ce qu'elle disait vertement venant de n'importe qui d'autre, car malgré son irritation, il savait pertinemment qu'elle aimait bien M. Charles. Alors quelqu'un qui, selon ses critères, respectait ce vénérable ancêtre comme il se devait, méritait qu'il y porte un minimum de bienveillance, pour autant qu'un humain puisse en bénéficier. M. Charles, lui, avait réussi en cinq mois à commencer à apprivoiser le sauvage qu'il était et à faire tomber, très progressivement, quelques-unes de ses solides barrières relationnelles. Stanislas avait de l'intérêt pour lui. C'est ce qu'il se disait et c'était déjà énorme. Une première.

Parfois, lorsqu'il roulait en Solex et que ses pensées vagabondaient, leurs dialogues revenaient et il sentait confusément que « quelque chose » d'inconnu survenait, de l'ordre d'un affect bienveillant et que ce quelque chose était en train de le changer. Lui le « bernique » acceptait l'idée que, bien isolé sur son rocher, il pouvait entrer en communication avec des « congénères » … En un seul mot. Il se surprenait même à entrer timidement en empathie quand M. Charles évoquait en riant l'Ankou, le serviteur breton de la mort qui viendrait un jour prochain collecter son âme. Penser à la mort du vieil homme le rendait triste et ça le surprenait. Énora le ramena à la réalité.

—Bon, Stan, je récupère le thermomètre maudit et j'emmène M. Charles slalomer entre les platanes du parc ! Elle ajouta du bout des lèvres : je sais que vous aimez bien M. Charles. Et vous avez raison. C'est un chic chic chic Monsieur, vous n'avez pas idée à quel point !!! Vous venez avec nous ? demanda-t-elle.

Je sais qu'il dira non mais j'essaie quand même !

– Merci mais je dois vous laisser. Il faut que je mette nos derniers échanges au propre. M. Charles, à la semaine prochaine et si vous voulez bien penser à la surprise, cette fois ce sera à vous. Au revoir, au revoir Énora.

Elle est sympa de me demander mais j'y arrive pas, j'y arrive paaas ! Grrr.

M. Charles répondit par un énergique Kenavo auquel il ajouta « vive valeque ». Il aimait bien user ainsi de quelques citations. Pour les racines latines, communes à tous, il mentionnait souvent Horace. Sur un versant plus « personnel » voire intime, il puisait volontiers dans un vivier breton particulièrement « typique » et imagé...Stanislas osait parfois demander la traduction en direct, sinon il notait, même phonétiquement puis cherchait la réponse sur internet. Il apprit donc le soir même que « vive valeque » signifiait « vis et porte-toi bien ».

Énora lui adressa un joli petit sourire accompagné d'un geste de la main : tous ses longs doigts effilés s'agitèrent élégamment, comme les pattes d'une araignée d'opéra sans tutu, prise d'artistiques mouvements, grand battement, saut de chat, pirouette fouettée et autre arabesque d'une incommensurable élégance. Rien à voir avec les grosses paluches de M. Charles qui s'apparentaient plus à une vieille mygale Goliath à demi-empaillée, velue et difforme.

Stanislas sortit du bâtiment principal de la maison de retraite. Sac à dos dans une main, casque dans l'autre. Un modèle qui n'était d'ailleurs pas conçu pour les deux roues, encore moins homologué, et qu'il avait acheté lors d'une brocante à son club aéronautique : un vieux casque de pilote d'avion de chasse américain, type P-3, de couleur grise. Exactement celui que portait Buck Danny dans les vieilles BD qu'il avait chez lui, avec sa visière caractéristique, bombée, comportant une découpe pour le nez. Le sien datait de la fin des années 50… L'hiver, il rajoutait même le masque à oxygène qui ne fonctionnait plus mais qui le protégeait du froid. Le plus drôle est qu'il fut arrêté une fois et contrôlé par les gendarmes. Mais de "vrais " casques moto ayant adopté ce design, le sien ne déclencha finalement pas leur curiosité, encore moins l'usage de leur calepin à contraventions. Le reste de sa tenue était juste fonctionnelle. C'est ce qu'il voulait. Pas de gêne vestimentaire. Rien que du pratique et du solide. Ce choix s'était imposé à lui pour deux raisons : tout d'abord, par nature, il était simple et introverti et un habillement excentrique eût risqué de le mettre en avant… Une telle perspective lui était insupportable. Ensuite, son style de vie s'accordait plus aisément de tenues polyvalentes. Pour effectuer ses sauts en parachute, ou pour se déplacer en deux roues, jean et blousons donnaient entière satisfaction. Il était par exemple pleinement satisfait de ses nouvelles chaussures. Achetées dans un commerce discount, elles ne lui avaient coûté qu'une poignée d'euros, ressemblaient à n'importe quelle paire de Nike - « tiens des nique ta mère » avait commenté M. Charles la première fois qu'il les vit et ce fut d'ailleurs une vraie surprise que d'entendre M. Charles utiliser des termes de « jeunes ». Les siennes étaient d'une grande sobriété puisqu'aucune marque ni logo ne les « habillaient ». Noires, sobres, pratiques et pas chères.

Il enfourcha son fier destrier et boucla son couvre-chef. Il était simplement orné au-dessus de la visière d'un petit autocollant représentant une paire d'ailes noires, évoquant sa passion pour le ciel. Stan abaissa le moteur sur la roue avant, pédala énergiquement. Le petit cylindre se mit à trembler et prit enfin vie dans un bruit sec et peu flatteur.

Premier jour de juin. Aujourd'hui, au-dessus de l'horizon, la couleur gris-ardoise dominait largement. Le soleil n'était jamais loin derrière l'épaisse couche de nuages qu'il parvenait à percer avec parcimonie, ici ou là. Il ne pleuvait pas. Pas encore. Mais il en fallait plus à M. Charles pour rester prisonnier de la Belle-Époque. Pour lui, la plus belle des époques était le présent, qu'il savourait à chaque seconde - vis ta vie comme si tu allais mourir demain - se rappelait-il à chaque lever. Une feuille d'automne, légère et dentelée, emportée par une brise dessinant des arabesques devant sa fenêtre le ravissait. Autant de petits moments purs et simples qui le nourrissaient une journée entière. Toutes ces fameuses « petites choses » indicibles que la plupart des gens stressés, débordés, gavés, surbookés comme ils disaient ne percevaient plus. Quand avaient-ils le temps de se dire qu'ils n'étaient peut-être pas un tout petit peu heureux ? Quand s'arrêtaient-ils pour prendre un peu de recul, pour faire un point, quitter leur corps et se voir, d'en haut pour constater que leurs rêves, le plus souvent, n'étaient pas atteints. Quand pouvaient-ils prendre des décisions pour y remédier ?

Le présent, c'était Énora le conduisant dans les allées du parc. Il était comblé : un paysage grandiose, même s'il le connaissait par cœur et une jeune femme délicieuse à ses côtés, à son service. À la fois *fillourc'hen* et *tersek* de surcroît. Énora se doutait-elle que M. Charles la qualifiait de femme galante et de « fessue » ?

—Je me permets de vous adresser un compliment, un de plus : j'aime beaucoup votre coiffure du jour, c'est charmant et même si vous n'en avez nul besoin, cela vous rajeunit, ces sortes de mini-chignons répartis avec régularité sur votre crâne au parfait arrondi, comme des petits champignons tout mignons sur une délicate motte de mousse, comment cela s'appelle-t-il ?

—Vous êtes poète aujourd'hui, haha, ce sont des nœuds bantus, les Bantus, vous savez, les ethnies africaines ?

—J'en ai entendu parler, oui. Merci pour ces précisions ! Et sinon, mademoiselle Énora, comment se porte votre petit animal de compagnie… Papouille, il me semble ?

—Papouille, mon petit Westie chéri de petit chien tout mimi est comme sa maîtresse, toujours heureux ! Enfin, j'espère. Je vous entends déjà ! C'est vrai que rester toute la journée à la maison, ça ne doit pas être le rêve pour un chien, mais au moins, il n'est pas enquiquiné par la jungle de la ville et puis il y a ma mère qui travaille à domicile donc il n'est jamais seul.

—Je suis certain qu'il vous vénère.

—Mais ouiiiii, Papouille mon Westie chéri à moi n'aime que moi ! Si vous voyiez nos retrouvailles le soir !

—Mais je les imagine parfaitement, ma belle enfant. La belle noire joviale, tendre et le mignon petit blanc pétillant, velu réunis pour glorifier les vertus de la complémentarité ! Et aussi uriner à volonté sur vos délicats souliers, sauts de Zabulon en folie jusqu'à votre doux visage, jappement frisant l'hystérie, sans oublier que Papouille rime avec léchouille. Et il doit vous en couvrir !

—Ah ça oui !

—Vous faisant partager les flatteuses fragrances des anus canins léchés durant sa dernière sortie !

—Beurk, vous le dites bien mais c'est vraiment dégueu - Elle rigola franchement - avec vous en tout cas, cent ans égal 100 % humour ! M. Charles, sachez quand même que si ça me ferait plaisir, je ne peux pas être votre « belle-enfant ». Belle, d'abord, vous le dites à tout ce qui a un soutien-gorge, quant à « votre » enfant, nos couleurs de peaux sont… trop éloignées. Ou alors vous m'auriez adoptée, ajouta-t-elle avec un sourire qui lui grimpait aux oreilles, mais comme c'est déjà fait.

—Je sais bien, mais vous ne m'entendez pas, Mademoiselle Énora. Il s'agit, comment dire, d'une relation virtuellement filiale, voyez-vous, dominée par le sacro-saint principe de l'interdit de l'inceste. Et par pitié ma… belle enfant, cessez d'évoquer devant moi ces soi-disant différences de coloration épidermiques. N'êtes-vous point favorable aux associations multiethniques ? Sachez que je suis un ardent défenseur des unions bicolores qui loin s'en faut ne se contrarient point. Les contraires s'attirent. Blanc et noir, comme sur le drapeau breton, noir et blanc, une addition toute naturelle et hop ! la nature est colorée, colorée est sa progéniture.

—C'est très beau… Quand vous le dites. Certains ne sont pourtant pas de votre avis. Et des réflexions

« douteuses », j'en entends encore vous savez…

Le regard sévère, M. Charles éleva le ton, s'emportant :

– Faites-moi savoir qui sont les malotrus qui vous outragent de la sorte ! J'irai les souffleter puis je les truciderai d'un savant coup de fauteuil roulant. *Ober butum gant unan bennak* - il émit un grognement sourd - ce qui veut dire "faire du tabac avec quelqu'un", en français simple on dirait "en faire de la chair à saucisse" ! Et si ça ne suffit pas, hop ! ma botte secrète, n'oubliez jamais que j'ai été maître de savate ! *Gast de map-kagn* !!

– Ah, cette expression-là vous me l'avez expliquée une fois. Vous m'aviez parlé de … fils de péri… paté…

– Péripatéticienne oui …

– Voilà, et sinon c'est quoi cette histoire de savate ?

Elle se mit à rire sans retenue en ajoutant :

– Vous voulez lui envoyer vos chaussons sur le nez ?!

M. Charles se joignit à ses rires prolongés et expliqua.

– La savate… il y a du vrai dans ce que vous dites remarquez. De fait, il s'agissait de techniques de combats de rue, dans lesquels tous les coups étaient permis, en particulier les coups de pieds. Or, à l'époque dont je vous parle, on utilisait le mot « savate » pour évoquer les chaussures. Et en l'occurrence, se prendre un coup de savate dans la mâchoire vous emmenait aussitôt chez le dentiste !

– Ah ok, je comprends mieux… donc même aujourd'hui vous pourriez mettre à mal un adversaire avec vos savates ?

— Tout est possible Miss Énora… Tout est possible ! Et sinon j'ai aussi ma main droite, deuxième botte secrète, regardez. En 1915 dans les tranchées… Je vous épargne les détails.

Elle a le cœur mieux accroché que celui de Stan mais quand même, inutile de verser dans la charcuterie humaine.

Bref, depuis, j'ai un léger souci de préhension avec le majeur. Il ne se plie plus au-delà de la moitié de ses capacités originelles. L'articulation entre les deux phalanges est donc proéminente lorsque mon poing est fermé, vous voyez, elle dépasse à l'extérieur, alors lorsque j'inflige un coup, cela peut s'avérer particulièrement douloureux pour mon adversaire.

— Ah oui, quand même…

— Bon cela étant dit, ma chère Énora, une bonne gifle la main ouverte sur la tempe est tout aussi efficace dans la plupart des cas, surtout, elle aura le mérite de vous éviter bien des déboires avec la justice, puisque bien plus proche de la légitime défense. Une claque n'est pas bien méchante tandis que l'agression est caractérisée si le poing est fermé ! Croyez-moi sur parole, je l'ai testé dans ma jeunesse !

— Merci pour le tuyau, je note ! En tout cas, je reviens à ce que vous disiez tout à l'heure, merci de vous insurger ainsi pour moi. Et si tout le monde pouvait être aussi tolérant. Le prenez pas mal, mais quelqu'un de votre âge, aussi ouvert, je vous trouve vraiment top !

— C'est un bien aimable compliment. Savoir que je suis « top » me va droit au cœur ! Douce Énora des tropiques du Soleil souriant, vous constituez ma dose d'humanité personnifiée quotidienne. Oui. Le plus bel exemple de sangs habilement mêlés que notre terre n'ait jamais portés ! Je le pense... Et ne suis point le seul !

– Ah ? C'est-à-dire ?

– C'est-à-dire que j'ai une ribambelle de dizaines d'années derrière moi et que je connais un peu l'âme humaine, en toute humilité bien sûr. Stanislas fait partie du genre humain. Donc, et c'est un parfait syllogisme, je connais un peu Stanislas.

– Vénérable M. Charles, puisque je dois essayer de comprendre à demi-mots... Vous pensez que, comment disiez-vous, que votre exemple de « sangs mêlés » ... Stanislas pourrait le trouver, bien dosé, tout comme vous ?...

– Affirmatif, c'est ce qu'il faut comprendre.

– Pourquoi me dites-vous ça ?

– Ah mais parce que vous êtes toujours en train de courir. Vous connaissez l'histoire de la gazelle qui galopait plus vite que ses sabots et qui dévorait la vie à toute vitesse ? Ne répondez pas, vous ne pouvez pas la connaître et c'est normal. Figurez-vous qu'il y est aussi question d'un jeune lion, un peu, très, trop timide... Et la morale évoque l'éloge d'une nouvelle fertilité salvatrice pour toute la savane, basée sur le désordre, le bouleversement, le chamboulement, la perturbation.

– Je ne suis pas sûre de bien vous suivre...

– Mademoiselle Énora, vous êtes chanceuse. L'âge a fait

de moi un vieillard patient, une vertu qui m'a longtemps fait défaut. Je vous narre la suite genre « conte pour grands enfants » puisque je sens bien que vous souhaitez connaître toute l'histoire. Mais je préfère vous prévenir, ça va être un peu nigaud, voir gnian-gnian mais ça m'amuse, et si je peux me rendre utile, j'aurai tort de ne pas essayer !

M. Charles se racla la gorge, prit une longue inspiration et se lança.

— Une gazelle, belle. Un jeune lion, solitaire. Un sage pachyderme au derme durci. Ce dernier part se promener avec ses grandes oreilles tombantes, sa trompe avachie. Il quitte la savane et l'histoire, bah, deux personnages suffisent bien, le vieux donc Jumbo va se coucher ! Le lion pendant ce temps repère sa proie. C'est la nature qui veut ça. Pôôôôôvre gazelle. Mais heureusement heureusement heureusement c'est une histoire qui se finit bien, la preuve, vous avez la fin dès le début : ils copulent, oui c'est possible et ont beaucoup de jolis petits métis bavards ! Comment une telle chose pu-t-elle survenir ? Explications. La gazelle est curieuse, pleine de vie, irrépressiblement et surtout douée d'une force de caractère peu commune. Le lion est d'une timidité maladive et totalement herbivore mais possède un fond d'une extrême générosité ... C'est avec un agacement maladroit mais une satisfaction déguisée qu'il laisse le gracieux équidé virevolter et s'approcher de lui. Dans ce drôle de monde à l'envers, les gazelles prennent des initiatives audacieuses et avancent la première patte. Alors ils se regardent, s'étudient. Ils sont différents, mais voilà survenir le fameux miracle des contraires qui s'attirent. Pris d'une passion... dévorante, les deux animaux folâtrent gaiement sous le grand baobab... Je vous fais un résumé ! Quelques mois plus tard, enrichi de merveilleuses créatures naissent au milieu de la savane en fête. Ils ne possèdent que les qualités de leurs parents, en proportions égales. Des êtres hybrides, puissants et courageux comme le lion, rapides et élégants comme la gazelle. Un acte généreux qui a déplacé le centre du monde, l'a enrichi, embelli... La nouvelle circule à la vitesse d'un feu de brousse et on voit dès le lendemain de nouveaux couples se former : une hyène d'origine cheyenne et un python amateur de thon, une hippopotame joueuse de dames et un suricate hypocondriaque qui joue aux cartes, encore plus fort, un ornithorynque ornithologue et un ornithologue totalement branque et enfin un ibis qui se répète et une brebisss repetita ... Fin de la petite histoire, miss gazelle, et par avance, ne m'ôtez surtout pas les quelques rares croyances qui subsistent en moi, particulièrement celle d'une tolérance universelle et fructueuse !

À ce moment précis, la roue arrière gauche du fauteuil roulant heurta le pied du déambulateur de Mme Quelet. Celle-ci, déséquilibrée, amorça lentement mais sûrement une chute qui risquait de lui être fatale. Énora sortit avec un large sourire de la savane où l'avait entraîné M. Charles et eut juste le temps de bondir pour la retenir par le bras et de s'excuser.

—Je suis navrée Mme Quelet, je... je n'ai pas fait attention. Je parlais et...

—Ne l'écoutez pas, Ô princesse du béguin. Je prends toute la responsabilité de cet incident. J'ai proprement saoulé de récits sans queue ni tête notre si gentille infirmière et l'ai totalement distraite, Dieu merci elle a bondi pour vous sauver, telle une gazelle ! Je vous demande dès lors, toutes deux, de bien vouloir m'excuser.

—Vous êtes tout excusé, M. Mériadec – répondit Mme Quelet - mais je vous comprends, Énora. Quand M. Mériadec commence à vous raconter sa vie, il vous occupe tout l'esprit ! Hi hi !

—Madame la chapelière, avez-vous pensé à mon béguin ? renchérit M. Charles

—Mais je ne fais plus de béguin depuis longtemps, M. Mériadec, l'auriez-vous oublié ?

—Mais je vous parle de mon béguin, Dame galure !!

—Je n'ai aucun béguin, M. Mériadec. Enfin ! je vous en prie !

—Mais moi je vous parle de celui que j'ai pour vous, gracieuse majesté chapeautée !

—Vous avez un béguin pour moi ? Où cela ?

—Si je vous dis où, viendrez-vous le cherchez ? Implora M. Charles en regardant sous sa propre ceinture puis en croisant le regard de Mme Quelet avec des yeux débordant de lubricité.

Un premier coup de tonnerre se fit entendre, tout

proche, tandis qu'Énora tentait désespérément de cacher son hilarité. Suivi presque immédiatement d'un second, plus puissant et d'un court éclair visible au fond du parc ! La conversation fût donc prématurément écourtée et tous les pensionnaires encore dehors s'empressèrent, avec plus ou moins de vélocité, de rejoindre le bâtiment principal. Les gouttes de pluie, grosses et espacées, accélérèrent aussi leur cadence. Durant les quelques instants que durèrent la folle retraite, M. Charles criait toujours à l'adresse de Mme Quelet ses vertes incantations :

—Mon béguin vous attend ! il est là ! Madame Couvre-chef ! Mon béguin grandit ! Par pitié, à l'aide !! Massez-moi le béguin, c'est un homme qui a fait deux guerres qui vous implore !

*

Deux jours plus tard, à l'heure du thé, Énora amena « son petit vieux favori » et son fauteuil rutilant à la table 8 de la salle à manger. Relativement spacieuse, elle pouvait, dans son inimitable ambiance feutrée et néanmoins totalement surannée, style colonie de vacances des années 70, accueillir si besoin les trente pensionnaires de la Belle Époque. Il était rare cependant que ce fut le cas, plusieurs d'entre eux étant régulièrement absents pour raison de santé. À regrets car les savoureux repas étaient préparés sur place par un excellent cuisinier, l'inénarrable José Rossé. Émigré d'origine mexicaine, il avait exercé en tant que détective dans une autre vie et avait eu maille à partir avec la justice. La rumeur disait qu'il aurait perçu des pots de vin dans le cadre de sa dernière enquête dans un domaine viticole, un comble, qui s'était déroulée au Guilvinec, petite ville de la côte sud du Finistère, rendue célèbre en Bretagne par un roman à succès intitulé « Prise de bec au Guilvinec ».

Il roulait les « R » avec un enthousiasme égal à sa bonne humeur perpétuelle, adossée à son physique rond et replet d'homme bien portant, synonyme de convivialité et de savoir-faire gastronomique. Ses aventures passées l'avaient amené à voyager de par le monde pendant de nombreuses années et il avait toujours su profiter de chacune de ses destinations pour enrichir ses connaissances et compétences en matière culinaire, sa vraie passion de toujours, pour le plus grand plaisir des convives de la maison de retraite !

– Bordelas dé merdas saaaaalopérie dé poutassss haribaribaaa !!

La tête de José sortait de sa cuisine par le passe-plat, l'œil gauche injecté de sang, exorbité, le droit semblant implorer son vis-à-vis de faire preuve de discrétion, comme un adolescent honteux demandant à sa mère de ne plus l'accompagner au collège. Dans la seconde suivante, son apparence redevint normale en tous points et il lança à la cantonade :

– Ma Yé souis dééééssolé mes zamis, yé souis tellement

déssolé. Voudrrrez-vous m'excouser yé vous prrrie ? Yé vous en prrrie, bon appétito !

Puis il retourna à ses fourneaux, tandis qu'aux tables chacun lui pardonnait volontiers, comme toujours, évoquant en catimini avec des sourires solidaires le trouble de la Tourette dont il était atteint. José lançait donc parfois, en dehors de tout de contrôle, une courte brochette de grossièretés exotiques.

On n'entendait plus maintenant que de menus chuchotements et le tintement de quelques fourchettes fébriles et impatientes, tandis qu'une petite musique celtique, chantonnait en fond "lala léno, lala, lalala léno".

Cette courte embardée langagière passée, la séduisante infirmière, sourire aux lèvres, termina de placer M. Charles, dont les zygomatiques n'étaient pas en reste, à droite du mur. Il exigeait en effet d'être toujours installé le long d'un mur, à sa gauche. Rendu physiquement asymétrique par l'âge, son buste avait en effet une fâcheuse tendance à pencher sur le côté. Connaissant sa propension à une prompte léthargie en fin de repas, il préférait savoir qu'il conserverait, nonobstant cette petite faiblesse, toute sa prestance, soutenu bien « droit » par le mur.

Énora vaquait maintenant à ses occupations auprès d'autres pensionnaires et face à M. Charles se tenait Mme Quelet, sans béguin, assoupie. Son ronflement presque inaudible était surtout rendu perceptible par de très visuels tremblements des lèvres et du menton qui rappelaient, à leur insu, les trémulations des bébés lorsqu'ils ont froid ou sortent du bain. Marguerite Beauchâteau attendait M. Mériadec depuis déjà dix minutes. Ses lèvres, contrairement à celles de Mme Quelet, effleuraient avec raffinement le bord d'une tasse de thé vert à la menthe de Mongolie septentrionale. Quand M. Charles fut installé à sa gauche, elle posa avec délicatesse son breuvage parfumé sur la petite coupelle prévue à cet effet, fixa son regard et avec son accent aussi méridional que guilleret, chantonna en douceur :

— Dix minutes, à mon âge, qu'est-ce que cela représente, lalala ? ... Laissez-moi répondre mon vaillant compère. Une fourmi perdue en Amazonie ? Une lettre au milieu d'une encyclopédie ? Ou plus simplement, un antisémite le jour de la réhabilitation de Dreyfus ? Dans tous les cas je dirai : si peu.

M. Charles qui arrivait affublé d'une mine inquiète, répondit en susurrant, rassuré :

— J'entends là, ma bonne amie, que vous ne m'en voulez donc point pour cette inqualifiable goujaterie. Je reconnais votre sens de la convivialité, votre totale absence de rancune et toute la force des sentiments que vous voulez bien m'accorder. N'ayant donc pas à me faire pardonner, je souhaite, malgré tout, vous transmettre une information, si vous me le permettez.

— Mme Beauchâteau acquiesça d'un hochement de tête.

M. Charles poursuivit.

—Sans vouloir me justifier, sachez que c'est un thermomètre récalcitrant qui vient de mettre à mal une ponctualité jusqu'alors sans faille.

—Mademoiselle Énora ne vous propose-t-elle pas ces nouveaux appareils que l'on introduit dans l'oreille, ou ceux que l'on pose sur le front ?

—Niet délicieuse camarade, Énora m'a vanté les vertus de ce vieil instrument, prétextant sa plus grande fiabilité. Cette explication me paraît fichtrement douteuse... Et je soupçonne notre infirmière zélée d'avoir une idée derrière la tête...

—Da, vos soupçons sont légitimes, bien cher camarade Charles-Marx ! Depuis que je bénéficie de séances de kinésithérapie, mes articulations se sont considérablement assouplies. Ma flexibilité, sans atteindre celle que j'ai pu connaître lorsque plus jeune, je pratiquais la danse, peut aujourd'hui être qualifiée d'acceptable. Or, depuis ce changement, Mlle Énora me confie un thermomètre auriculaire. Bien plus agréable !

—Je vois ! Finies les contorsions ! Diantre ! Mlle Énora se prendrait-elle pour une professeure de gymnastique ?

—Mon cher Charles, ne soyez pas courroucé, vous savez tout comme moi qu'elle agit ainsi pour votre bien. N'est-il point ?

—Il est, Marguerite-très-jolie, il est et vous avez, une fois de plus, irrémédiablement raison... Vive les contorsions et les introductions anales !

Contrairement à ce que l'on aurait pu penser, Marguerite Beauchâteau n'était pas le moins du monde choquée par les propos parfois crus de M. Charles. Du haut de son mètre soixante né au 19ème siècle, elle avait été témoin de bien pire. Petite fille indisciplinée et aussi hyperactive qu'Énora, elle eut un destin hors du commun. Cette femme, à l'ossature frêle, quitta à l'âge de dix-sept ans la ville de Chinon et épousa rapidement la cause de la justice en devenant journaliste, à une époque où les hommes tenaient solidement les rênes de l'information. Courage, ténacité, droiture, générosité, ardeur, elle prenait feu pour toutes les causes qu'elle estimait justes. Son indiscipline et son orgueil étaient les garants de son indépendance et de sa liberté de jugement autant que d'esprit. Elle crût au socialisme, à l'anarchisme. Elle avait conservé son visage un peu rond, dans lequel des traits fins exprimaient toujours son extrême vivacité. En son centre trônait fièrement un petit nez busqué, synonyme d'un caractère bien trempé. Les commissures des lèvres étaient subtilement relevées, dessinant un petit sourire indélébile. On retrouvait de minces rides en éclat de soleil aux coins de chacun de ses yeux bleu clair, qui accentuaient son côté impertinent et facétieux. Sa coiffure, d'un gris franc, ondulait jusqu'à la nuque en vagues faussement calmes. Elle ne voulait pour rien au monde souscrire à la mode des « p'tites vielles permanentées-colorées-violacées » ni à celle des cheveux courts qui lui aurait, selon elle, ôté toute féminité.

M. Charles approcha subrepticement sa main de celle de sa charismatique voisine à qui il faisait la cour depuis plusieurs mois. La distance à parcourir pour aboutir à ce prometteur attouchement était infime.

Mlle Énora réapparu à l'entrée de la salle. Ayant remarqué la proximité digitale des deux interlocuteurs, elle ralentit son approche, s'arrêtant de-ci, de-là, questionnant et plaisantant avec untel ou unetelle. Pendant ce temps, comme deux enfants se préparant avec excitation à transgresser une règle inamovible, les doigts de M. Charles et ceux de Mme Beauchâteau s'électrisèrent une fraction de seconde puis ils parachevèrent leur conversation avec une excitation difficile à contenir :

– Charles...

– Marguerite...

– Ce soir ?

– Ce soir…

Le repas se déroulait sans incident majeur, hormis lorsque M. Binsmoul vomit le plat principal sur ses genoux et qu'il se mit, comme à l'accoutumée, à le ré-ingérer avec sa cuillère à soupe, comme une sorte d'hommage au bovin qui renvoie sa bouillie d'herbe et de bactéries sous forme de boulettes dans sa bouche, pour mâcher de nouveau son bol alimentaire… Les autres résidents échappaient fort heureusement à ce spectacle peu ragoûtant puisque leur ruminant acolyte était tenu à l'écart, seul, attablé face au mur.

Les bons plats de José se succédèrent dans une joie gustative affichée, ponctuée de « hum », « comme c'est bon », « je ne sais pas ce que c'est mais je vais en reprendre », jusqu'à l'entremet final, agrémenté une dernière fois par l'intervention du cuisinier d'Amérique centrale.

— Bordelas dé poutassss dé merdas saaaaalopérie haribaribaaa ayayaille !!

Le visage de M. Rossé reprit aussitôt forme humaine, et dans sa « couisine » il conclut :

— Ma Yé souis déééésssolé mes zamis, yé souis tellement déssolé. Voudrez-vous m'excouser yé vous prrrie ? Yé vous en prie, yé vous souhaite ouné bonné siesta !

Les assiettes à dessert furent irrémédiablement totalement vides, parfois même léchées jusqu'à la dernière trace de coulis citron-passion-menthe. Vint alors le temps du café, que M. Charles aimait boire en prenant son temps. Il posait toujours sa tasse au beau milieu de son assiette, une vielle manie qu'il avait héritée de son père et il débutait alors la dégustation par quelques cuillérées qu'il portait savamment jusqu'à ses lèvres. Le temps que le reste du breuvage tiédisse un peu.

Mlle Énora se présenta ensuite à la table des deux tourtereaux et s'arrêta devant une porte invisible.

— Toc toc, coucou c'est moi ! Désolée de vous interrompre, jeunes gens, c'est l'heure de la promenade, M. Charles !

— Nous venions juste de… conclure - répondit avec

malice M. Charles.

—En effet, tout est dit et c'est... yrès bien ainsi - ajouta Mme Beauchâteau, les yeux emplis d'espièglerie jusqu'aux sourcils, sans engendrer le moindre questionnement.

—Bon bon bon, alors tout est pour le mieux, j'enlève votre frein et en route ! !

M. Charles se retourna vers Mme Beauchâteau et lança, l'œil goguenard : *Aozañ krampouezh* !!!

—Et hop ! un petit coup de breton, votre langage secret, pas vrai ? lança l'infirmière.

—Tout juste douce Énora... *Aozañ krampouezh,* faire des crêpes, mais à deux... vous voyez ? Les crêpes, elles sont d'autant mieux réussies qu'on les fait bien... sauter... vous voyez ?!!

—Haha, M. Charles, oui, j'ai bien une p'tite idée, vous connaissant... et elle doit avoir un « rapport », c'est le cas de le dire, avec Mme Beauchâteau !!

Le parc était un véritable havre de paix. Les nombreuses promenades faisaient partie intégrante de l'aspect soignant de « la Belle Époque ». Elles pouvaient pour certains faire office de séance de relaxation, pour d'autres devenir des « entretiens psychothérapeutiques informels », grâce à la toujours bienveillante interaction de la nature environnante. Cela pouvait même s'avérer vital pour celles et ceux qui étaient confrontés à une « certaine infirmière en chef » qui profitait insidieusement de la faiblesse de plusieurs résidents pour abuser de son petit pouvoir et assouvir ses instincts les plus pervers.

En effet, ici comme ailleurs, ce "type" de pouvoir, entre les mains griffues de certaines personnes mal intentionnées, accentuait parfois leurs penchants naturellement sadiques. Les conséquences pour les pensionnaires pouvaient s'avérer désastreuses, malgré l'indéniable qualité des espaces verts mis à disposition.

Énora, professionnelle consciencieuse, dévouée, empathique et agréable en tous points le savait pertinemment tout comme elle n'ignorait pas que le jour viendrait où Mireille Mesquin, l'infirmière sadique reviendrait prendre son poste comme un conquistador se lançant à la conquête d'un territoire qui lui reviendrait de droit : les armes à la main ! Ce jour aussi funeste qu'inéluctable, M. Charles, Mme Beauchâteau et bien d'autres pensionnaires appréhendaient de le voir survenir. Son absence pour longue maladie était, selon les rumeurs, due à une vengeance de l'un des résidents. Tous pensaient que la sienne serait pire à son retour.

Mais aujourd'hui, M. Charles préférait concentrer sa pensée sur des idées plus positives. Stan, par exemple qui, avec encore plusieurs mois de travail à fournir, lui offrait de rassurantes et enthousiasmantes perspectives, et Madame Beauchâteau, pour des raisons sensiblement différentes. Ce fut précisément le sujet de la discussion que lança Énora pour égayer la promenade digestive.

— Alors dites-moi, M. Charles, vous qui avez écrit avec brio un contrat pour Stanislas et vous… le respectez-vous ?

— Eh bien oui ma foi… Du moins, à quelques exceptions près.

— Ah, c'est-à-dire ?

— Oh ! rien de malhonnête. De menus arrangements, acceptés conjointement, après concertation bien sûr !

— Ah, vraiment ?!

— Eh bien oui, Mademoiselle Énora, si les deux parties signataires en sont d'accord, toute modification peut être apportée et donner naissance à un avenant. Y verriez-vous à redire ?

— Absolument pas, M. Charles. Mais - ajouta-t-elle en souriant - dites-moi, le règlement de « la Belle-Époque », vous le connaissez ?

— Aussi bien que celui auquel vous faisiez

précédemment allusion. Mais... où voulez-vous en venir ?

—M. Charles. Je peux être franche avec vous ?

—C'est ce que vous avez l'habitude de faire, et je ne m'en suis jamais plaint, bien au contraire.

—Bon. Mme Beauchâteau et vous… par exemple.

—Je vous autorise à être franche, ne tergiversez point.

—Vous-vous entendez plus que bien, je crois…

—Vous êtes diablement perspicace. Poursuivez.

—Peut-être aimeriez-vous vous voir, plus souvent, et dans, comment dire…

—Des conditions plus … confortables, voire intimes ?

—Oui, voilà, exactement, mais c'est interdit...

—C'est interdit, vous avez raison. Et cela n'en sera donc que meilleur !

Le regard de M. Charles venait de s'illuminer, comme le ciel étoilé d'un 14 juillet surplombant l'Arc de triomphe et il enchaîna.

—Vous savez, durant la guerre, il était interdit de discuter un ordre. Et bien sachez que le jour où celui qu'on me donna m'apparût contraire à toute humanité, je me vis contraint de le refuser. Je l'ai payé assez cher d'ailleurs. Mais j'ai ma conscience pour moi. Et ce n'est pas aujourd'hui que Charles Mériadec va mettre son esprit rebelle dans sa poche, encore moins remiser sa dévorante passion ! Et puis *Audaces fortuna juvat !*
Énora ne put réprimer un rire de satisfaction aussi spontané que sincère.

— Haha, oui, j'ai compris l'idée je pense, parce que je ne parle pas latin, alors je n'ai qu'un mot à vous dire : bravo ! Et je rajoute tiens, je trouve ça extra !! Énora parlait avec la même excitation que s'il s'agissait d'un de ses propres rendez-vous.

— Aaaah vous me soulagez belle enfant, tant mieux si vous me comprenez ! Et pour ne pas mourir idiote comme j'aime à le dire, sans prétention aucune, sachez que *Audaces fortuna juvat* signifie que la fortune favorise les audacieux !

L'infirmière se pencha vers l'oreille du vieux monsieur.

— Je comprends et vous avez bien raison, mais soyez prudents, hein ?

— Oh, ne vous inquiétez pas. Je ne suis pas fragile du cœur, et je n'ingère aucune drogue. Pas même l'ombre d'une petite pilule bleue. Et puis j'agis tel le canard. Je parais calme en surface, mais sous l'eau, j'agite mes petites pattes palmées avec force et détermination !

— C'est pas ça, mais si vous vous faites attraper, ils vous mettront dehors et vous atterrirez dans un vieil hospice minable. Et du coup vous serez tout seul.

— Ne vous faites aucun souci. Marguerite et moi en avons vu d'autres. Et comme on disait chez moi, « Il faut affûter avant de piquer ». La réussite dépendant de la préparation, nous avons minutieusement élaboré un stratagème à la fois simple et d'une redoutable efficacité. Ce sera un jeu d'enfant !! Êtes-vous prête ?

— Prête ?

— Je pense que VOUS êtes prête... Oui... Prenez la contre-allée tout de suite à droite, faites-moi confiance.

Énora s'exécuta, intriguée, pas encore inquiète. Après une succession de virages, le centenaire demanda à s'arrêter au beau milieu de la petite forêt de bambous. Il se contorsionna plus habilement que d'habitude de tous côtés, scrutant les alentours. Personne en vue.

— Je pense que VOUS êtes prête, chuchota-t-il l'air mystérieux.

Bon, là, c'est LE clou du spectacle !

M. Charles mit dans sa poche les dés avec lesquels il jouait depuis tout à l'heure, puis, dans un mouvement lent et plein d'assurance, agrippa les accoudoirs de son fauteuil, poussa fermement sur ses bras et bascula son corps tout entier vers l'avant en même temps qu'il prenait de la hauteur : Charles Mériadec se tenait debout. Énora à peine. Immobile. Sidérée. Bouche bée... Le vieil homme droit tel un majestueux halogène de salon illuminait la scène de son regard perçant et malicieux. Il souriait comme un gamin qui vient d'acheter la « rue de la paix » au Monopoly ! Énora, dont le cerveau ne parvenait pas à traduire ce que voyaient ses yeux assistait, statique et muette, à ce miracle. M. Charles, à l'image des premiers jouets-robots japonais, se trémoussait et jouait du pelvis comme Elvis chantant « heartbreak hotel », de sa voix grave et rocailleuse.

Haha, j'adore l'effet produit, j'ai l'impression de jouer dans un film et de voir les spectateurs ouvrir leurs bouches en cul de poule en laissant s'échapper un « Wahouuu » !

—Remettez-vous mon petit ! Bon, je conçois que vous soyez pantoise, mais voilà, le fait est là : je ne suis pas celui que vous pensiez, tout au moins ai-je en réserve quelques menus secrets dont je jouis plus ou moins égoïstement. Aujourd'hui, vous entrez dans mon monde caché, mon cercle rapproché, que je réserve aux gens de grande, très grande confiance…

Elle soupira, livide et essaya de parler.

—Je…

—Vous ?

—Wahou... Je suis... Je veux dire, c'est…

—C'est ?

—C'est... enfin… et vous marchez aussi ? finit-elle par articuler presque intelligiblement.

—Je marche oui, en fait… TOUT « marche » comme vous dites, tout fonctionne, vous ne vous y attendiez pas, n'est-ce-pas ?

Il était lumineux, fier, les épaules en arrière, le torse bombé, les mains sur les hanches, comme s'il posait pour la couverture d'un magazine de mode.

—D'accord d'accord… Wahou, il va me falloir du temps pour m'en remettre.

La vache, faut pas être cardiaque, ah le vieux saligaud, il nous a tous bien mené en bateau !!

—J'ai toute la vie devant moi ! M. Charles se mit à

gazouiller : « c'est dans dix ans je m'en irai, dis au pied d'un rosier, au pied d'une rose, au pied d'un rosier mon cœur s'y repose, c'est dans dix ans je m'en irai ... »

Énora marqua un temps d'arrêt. M. Charles la regardait avec tendresse et lui dit :

– J'aime beaucoup cette chanson des Tri Yann « aux pieds d'un rosier », c'est Stan qui me l'a fait connaître après que j'ai évoqué ma passion pour la musique bretonne... Quand il est motivé, il est doué ce garçon !! Bref, je suis loin d'être mort et comme on dit chez nous, *lipat e loa...* Il n'est pas temps pour moi de lécher ma cuillère, pas plus que *e doull*, mais là, je vous fais grâce de la traduction !

– Merci de me faire confiance... C'est...

– Top ? répliqua le vieux monsieur avec un large sourire.

– Oui, top, c'est... oui, c'est même super top ! Vous ferez attention, quand même, hein ?

– Ne soyez pas inquiète et vous aussi, faites-moi confiance.

– Mais s'il vous arrive quoi que ce soit... Vous savez que mon contrat touche bientôt à sa fin, et je ne pourrai rien faire pour vous aider. Vous savez « qui » revient bientôt.

– Au risque de radoter, les désagréments que vous évoquez, bien que fâcheux, sont loin d'atteindre en horreur les deux guerres auxquelles j'ai participé et les bénéfices que je tirerai de cette aventure valent bien de menus risques. Et puis je peux vous l'avouer maintenant, je vous réserve d'autres menues surprises...

M. Charles paraissait vingt ans de moins et rayonnait.

—Oulah, pas tout le même jour hein ? soupira Énora.

—Hum, je ne vais trop tarder, c'est que j'ai un planning à respecter moi. Vous verrez, une fois de plus, faites-moi confiance, ça va être un festival de bonnes nouvelles et ça peut changer votre vie mais chut ! - il posa son index verticalement sur sa bouche, cligna d'un œil.

—Bon... D'accord, j'ai entièrement confiance en vous, vous m'avez mis l'eau à la bouche, j'ai presque hâte maintenant. Elle essuya une petite larme naissante au coin de l'oeil.

—Allez Énora, viens dans mes bras, petit câlin, tu es comme ma petite, petite, petite fille et c'est pas rien, car comme tu le sais, je n'ai point de descendance !

Le lendemain matin, M. Charles s'était levé en déclamant une vieille incantation de Saint Patrick : » je me lève en ce jour dans l'énergie des cieux. Lumière du soleil, éclat de la lune, splendeur du feu, vitesse de l'éclair, rapidité du vent, profondeur de la mer, stabilité de la terre, fermeté du roc ».

Gast, ça me donne une pêche d'enfer ce petit cantique !

Puis il s'était installé pour déjeuner sur sa petite terrasse, face à un jeune chêne américain aux formes aussi torturées que les siennes. Un comble pour un jardin anglais ! Une sittelle en descendit, la tête en bas comme il sied aux passereaux de cette espèce. Sa nuque et son dos gris-bleu se confondaient avec le ciel. Ce moment devait être savouré, car ces oiseaux sont très peu sociables ordinairement. Il faut dire que M. Charles dégageait depuis son réveil une intense sérénité et qu'il se sentait en totale harmonie avec son environnement. La faune alentour ne s'y trompait pas ! Le vieil homme dévorait sa tartine de beurre salé avec un appétit surprenant... Sauf pour Énora, venue pour ses petits soins matinaux. Elle ne souhaitait pas rompre le fil magique de ce moment de bonheur tiède, et ne toucha mot de la nuit qui venait de s'écouler. Le premier regard que lui adressa M. Charles fleurait bon la complicité et valut une longue narration. Il était détendu, physiquement relâché, presque souple. Tout lui était agréable et charmant. Énora lui rendit son sourire amical, filial.

—Au fait Énora, pas un mot à Stanislas au sujet de ma révélation d'hier. Un jour probablement, mais c'est encore un peu tôt. De la même manière, nous poursuivrons le vouvoiement, en toutes circonstances hormis lorsque nous serons sûrs d'être parfaitement seuls. Ou... en présence de Marguerite bien entendu !

Plus tard dans la journée, après sa courte sieste, M. Charles reçut Stanislas. La nuit qui précédait, ce dernier avait cauchemardé après les révélations qu'Énora lui avait faites au sujet du thermomètre de M. Charles. Il s'était retrouvé dans un environnement futuriste, dans lequel l'homme avait beaucoup évolué biologiquement. Au fil du temps, le cinquième orteil devenu inutile avait disparu. Les sciences avaient fait des progrès sidérants. L'être humain profitait alors pleinement des aliments qu'il ingérait. Tous étaient d'origine synthétique et stockés dans des compartiments intégrés dans le corps, et permettaient à la "machine" de fonctionner de façon optimale, tout en luttant très efficacement contre les maladies, blessures, etc. Le système digestif s'était transformé de lui seul, et les fonctions excrétoires, au même titre que les organes correspondants avaient disparu. Ainsi, n'y-avait-t-il plus ni urètre ni anus. Un orifice que beaucoup d'anciens considéraient à regret comme une perte importante en termes de diversité des pratiques sexuelles. Le problème est que pendant sa dernière phase de sommeil paradoxal, Stanislas se trouvait enfermé dans un hôpital d'une blancheur aveuglante et qu'il courait nu dans les couloirs, glissant, tombant, se relevant, courant de nouveau. Derrière lui, une meute de femmes âgées le coursait éperdument, sautillait comme de jeunes jouvencelles malgré des seins terriblement affaissés dans lesquels elles se prenaient régulièrement les pieds. Certaines avaient des godemichés énormes à la main, d'autres des chignoles de toutes les couleurs. Elles criaient - On va t'avoir petit trou du cul, on va t'avoir !! - Il était 9 h 09 quand son réveil le sauva d'une double « perforation ».

Le pauvre Stanislas encore sous l'emprise de ses péripéties oniriques mis plus d'un quart d'heure à découvrir l'objet mystère de M. Charles.

— C'est un croquis de 14-18, finit par déclarer le jeune étudiant.

— Eh oui, un beau dessin. Enfin, je souhaite qu'il te plaise. Il a une grande valeur pour moi. Tu sais comme les vieillards attachent de l'importance à leurs souvenirs. Nostalgie quand tu nous tiens… Donc, ce bout de papier à la fraîcheur douteuse, c'est un peu de moi que je te donne. Et la couleur étrange sur la tranche, qui a un peu débordé sur le dessin lui-même, c'est... Veux-tu connaître l'histoire qui s'y rattache ?

Ému, Stan balbutia un oui timide et prit la feuille en maîtrisant comme il pût un léger tremblement naissant. Elle s'était durcie avec le temps et les rebords abîmés de toutes parts attestaient d'un âge respectable. De probables globules rouges s'étalaient sur le quart inférieur droit. Séchés depuis plusieurs décennies, ils avaient tourné au marron. Le croquis avait été réalisé au fusain, pensa-t-il, et représentait une tranchée en piteux état. On devinait la boue au sol, qui recouvrait partiellement plusieurs cadavres aux membres disloqués. L'hémoglobine avait recouvert les jambes de deux soldats encore debout, maintenant verticalement un brancard. Le croquis était très sombre et l'impression qui s'en dégageait glauque et difficilement supportable. C'était noir comme certains dessins de Victor Hugo dessinés à la suie, noir et puissant, noir et bouleversant.

Tu prends ton calepin, Stanislas ?

Il ne va quand même pas tourner de l'œil ce p'tit pignouf ?

—Je… Aujourd'hui, je... Je vous écoute. J'écrirai à la maison.

Je la sens moyenne cette anecdote, je dois être blanc, blanc...

—À ton aise Stanislas. Hum… Je dois t'avouer en préambule que la grande guerre, pour moi, reste le plus effroyable de mes souvenirs. Je ne minimise pas la seconde guerre mondiale. Mais 14-18… j'étais un gamin de dix-huit ans. Un petit bouseux presque inculte. Et nous y allâmes la fleur au fusil, avec la ferme certitude de vaincre. Facilement et rapidement. C'est toutefois ce qu'on nous disait. La vérité, ce furent quatre années d'horreur absolue. Les mots pour décrire « ça » ne seront jamais à la hauteur de l'ignominie inscrite à jamais dans nos chairs.

Heureusement que je ne lui donne pas de détails sinon il me vomirait dessus…

Ainsi, si ma mémoire ne me joue pas des tours, aujourd'hui, Stanislas, je voudrais te relater deux anecdotes. Une plaisante, l'autre moins. Une histoire de chant et de magie et une autre plus triste, mais belle, je crois, où nous retrouverons Hubert. Car même dans la plus absolue des horreurs, il y a du beau. Néanmoins, j'ai besoin de ton accord puisque te connaissant, un peu, peut-être y aura-t-il dans l'air ce qu'on appelait *Roenvat war gornôg,* ce qui signifie peu ou prou « ramer vers l'ouest ».

Stan regardait M. Charles avec des yeux vides. Il ne comprenait pas.

– En quelque sorte, cela veut dire « être à l'agonie » … Alors es-tu d'accord ? demanda M. Charles avec douceur.

Stanislas était dans un piteux état. Le croquis sous les yeux, il était toujours obnubilé par la tache de sang dont il se doutait qu'elle provenait d'une blessure, de M. Charles peut-être. Il l'imaginait déjà dans ce que le dessin représentait : l'enfer. Et il avait peur de la suite. Des histoires morbides et sanguinolentes qui le hanteraient encore le soir venu. Il se sentait faible et soudain sans intérêt, avec ses petites histoires de parents qu'il ne connaissait pas. Il avait en face de lui ce vieux monsieur qui n'avait jamais eu d'enfant et qui lui livrait des morceaux de sa vie, de sa vie d'homme.

– … Je … je suis d'accord, marmonna le jeune étudiant.

– C'était… Oh, peu importe où exactement. Quelque part, dans le nord de la France, en 14-18 en avril je crois. Hubert et moi…

– Hubert ? de l'école ?

– Oui, Hubert de l'école, et moi, oui, nous étions dans l'infanterie, engagés dans le 43ème, départ du fort du Vert-Galant. En fanfare. Clairons, vibrants du Colonel Troye, exaltant l'amour de la patrie et la beauté du sacrifice. La guerre avait déjà commencé, les morts se comptaient par milliers, c'était déjà une autre histoire. Après le chant du départ, était venu le « désenchantement » de la mort. Nous avions subi quelques jours auparavant un cuisant revers durant de sanglants échanges. Engagés sous les feux croisés des mitrailleuses ennemies, seuls quelques-uns de nos camarades d'infortune avaient survécu. Hors de combat, 534 hommes, dont 23 officiers… je m'en souviens encore. Bien sûr. Puis direction Verdun pour les rescapés que nous étions, par paires, dispersées. Nous arrivions, sous la pluie, toujours la pluie, Hubert et moi ! Après avoir traversé un verger empli de poiriers, nous aperçûmes à environ cent-cinquante mètres une petite ferme bien mal en point. À l'instant où nous allions nous mettre à découvert, nous entendîmes des ordres vociférés en allemand. Puis, pendant que nous nous tapissions à toute vitesse, ils sortirent. Une famille entière. Le grand-père, la grand-mère, la mère, et trois jeunes enfants en sanglots. Et quatre soldats allemands. Dans un français à l'accent imprécis mais tout à fait intelligible, le sous-officier allemand continua d'aboyer : « où est le zoldat français ? Où est-il ? » Après deux secondes d'un silence effrayant, il pointa son arme sur la tempe du vieux, et l'abattit. « Vite fait bien fait » !

—Tu vois, Stan, à la guerre, tuer un soldat, ou être tué par un soldat, aussi stupide fut-il, reste, somme toute « acceptable ». D'un certain point de vue, il y a équilibre au départ et chacun a sa chance. Mais un militaire qui tue, de sang-froid, un civil désarmé...

Le jeune homme se demandait ce qu'il faisait là à écouter des horreurs racontées par un fossile vivant qui allait lui plomber la journée et perturber ses rêves. M. Charles s'était interrompu, pensif. Stanislas, qui, malgré son envie de déguerpir, sentait son corps peser dix fois son poids ne put bouger. Même son visage restait figé, dans l'attente de la suite du macabre récit.

—Le corps est tombé lourdement aux pieds de son épouse qui s'est mise à hurler. On s'est regardé avec Hubert, et...

Stan l'interrompit, plein d'espoir :

—Et vous êtes intervenus !

—Pas du tout.

Le jeune homme laissa échapper son indignation :

—Quoi ? ! Vous n'avez rien fait ?

—Oh là !! Du calme mon garçon. C'est moi qui y étais, pas toi. Évidement qu'il fallait faire quelque chose. Évidement qu'il fallait agir vite. Mais il fallait aussi intervenir efficacement. Tu vois ça de ta fenêtre, Stanislas, avec tes yeux de spectateur habitué aux films qui se terminent toujours bien parce que le héros est fort, voire invincible. La réalité était toute autre : cent cinquante mètres nous séparaient de civils, c'est au moins quinze secondes de course si tu es champion olympique, en short et chaussures à crampons, sur une piste avec un revêtement antidérapant tout beau tout propre... Cette famille était encadrée par quatre soldats ennemis armés de fusils et de pistolets. Leurs uniformes étaient propres. Ils étaient donc frais et en pleine forme. Nous, nous n'avions plus que nos baïonnettes et nous revenions du front, de la boue, du froid, de l'absence de sommeil, de la mort des nôtres, de la viande qui sortait de leurs ventres, des membres arrachés, des cris, des amputations... Et quand bien même parviendrais-tu à visualiser, à ta façon, tu n'auras jamais l'odeur, ni ce que tu ressens lorsque tu ôtes la barbaque du visage de ton voisin qui est soudainement à moitié arraché par une balle et qui a atterri sur ta tenue. Et j'évite de te parler des amis qu'il fallait achever pour abréger leurs souffrances, leurs suppliques, leurs cris ...

Il y a 20 ans, je lui aurais collé une tarte à ce p'tit pignouf. Maintenant que je suis un vieux sage, je peux comprendre, il est tout jeunot... Et il a l'air tellement déconfit.

Stan s'était tu. Le vieux soldat souffla, fort. Ses poumons se vidaient de la colère qui était montée. Il inspira lentement, se reconnectant à cette infinie tristesse qui ne le quitterait jamais et qui surgissait immanquablement à chaque fois qu'il évoquait cette période de sa vie. Il fixa Stan en souriant, l'air de dire « bah, c'est comme ça, c'est juste une histoire, t'en fais pas » et reprit le cours de sa narration.

—Hubert avait reçu un éclat d'obus à la cuisse deux jours plus tôt et la plaie s'était infectée, il marchait péniblement. Quant à moi, j'ai cru mourir le jour même. Un autre obus avait explosé devant la tranchée et je fus enterré vivant. Impossible de me dégager... La terre qui s'insinue par tous les orifices, une atroce sensation d'étouffement qui me parcourt. Il faut l'avoir vécu pour comprendre, vraiment. Tiberghien et le caporal Guasco m'ont déterré. Bon Dieu.

Stan était d'un rose de plus en plus pâle. Presque livide.

– À côté d'Hubert je ne m'en tirais pas si mal remarque ! Nous assistions donc à ce drame et nous nous devions d'intervenir. En cela, tu as raison. Alors le plus vite possible, et pendant que le « sous-off » allemand s'approchait de la grand-mère en reposant sa question, nous nous regardâmes, et c'est Hubert qui prit la décision, elle était ferme, sans appel. Il chuchota : Charles, t'as encore ta baïonnette, prends la mienne, elle te sera plus utile qu'à moi. Je garde la grenade. En trois étapes, tu peux atteindre la ferme, sans te découvrir.

– Bosquet à gauche, mangeoire, et tracteur. Vu !

– Moi, j'fais diversion. Adieu et sans rancune.

Je ne crois pas qu'il m'ait entendu lui répondre « adieu l'ami ». Imagine la suite. Hubert sort de sa poche un vieux mouchoir presque blanc, qu'il agite en beuglant à qui mieux-mieux en sortant du bois. Pendant ce temps, je longe furtivement les arbres en bordure et atteint le bosquet, une baïonnette dans chaque main. Les Allemands interrompent leur interrogatoire. Deux d'entre eux se dirigent vers Hubert, qui continue de vociférer le tissu symbole de paix à la main. Ils passent non loin de moi sans me voir, poursuivent leur marche rapide, le regard fixé sur le petit linge. Après, tout va très vite. Quand ils arrivent sur Hubert, la grenade explose. Les corps sont jetés en arrière, ensanglantés et tailladés. Hubert doit être dans le même état. Tous hurlent. J'arrive derrière la mangeoire. Les deux soldats restés à la ferme se ruent vers leurs camarades. Quand ils parviennent à ma hauteur, l'effet de surprise joue pour moi. Je jaillis sur eux et plante le premier directement à la gorge. Le second, le sous-officier, est contraint à un tir réflexe qui m'atteint à l'épaule gauche. Je l'agrippe malgré la douleur, le fais chuter. Nous nous retrouvons à terre. La baïonnette d'Hubert pénètre son ventre, la mienne suit le même chemin et je les remonte vers le thorax.

Je rigole intérieurement mais rien qu'en y repensant, j'ai presque envie de vomir, je lui raconte les viscères qui sortent du ventre ou pas ?... Allez, je suis sympa, je « zappe » comme il dirait !

Pendant quelques instants, c'est le silence qui domine dans la chambre et Stan qui reste figé.

Putain de putain j'te dis pas les cauchemars que je vais faire cette nuit... J'aurais dû faire des études de compta moi, j'aurais juste vu des suites de nombres, bien peinard !

Après avoir repris son souffle, M. Charles repris, apaisé.

—Voilà mon cher ami, en quelques mots, le sacrifice d'Hubert. Ce vieux Hubert, un garçon buté, dont l'histoire retiendra surtout le courage, grâce auquel cinq personnes d'une même famille ont survécu. Ça devrait te plaire, toi qui travaille sur les familles ! C'était l'épisode ardu mais glorieux de tes compatriotes en 14-18 grâce auquel tu ne parles pas allemand couramment ! C'est depuis lors que j'ai une sorte de tatouage sur cette damnée épaule. La balle a laissé une cicatrice circulaire qui représente, c'est mon interprétation, l'œil d'une l'hermine !! Comme disait Sénèque, il paraît que "Seul l'arbre qui a subi les assauts du vent est vraiment vigoureux, car c'est dans cette lutte que ses racines, mises à l'épreuve, se fortifient." Peut-être... Quoi qu'il en soit, après cette aventure, je me suis retrouvé embarqué dans un petit groupe de « corsaires des tranchées ». Ça te parle ? Les « Corps francs » ? Non plus ? Bon, si tu n'as qu'une chose à retenir, c'est ce qu'Anatole France a dit quelques années plus tard, en 1922 si mes souvenirs sont intacts : « on croit mourir pour la patrie, on meurt pour les industriels ». Mais c'est une autre histoire. Je préfère juste finir mon anecdote par le très bon souvenir de cette grosssse teutonne avec qui j'ai folâtré dans les années soixante, à Munich. Une grosse teutonne à gros tétons. Quand elle me les avait dévoilés, j'ai été pris de cet incroyable réflexe qui normalement n'est l'apanage que des nouveau-nés, le réflexe de fouissement : le tout petit bébé, lorsqu'il est posé sur le ventre de sa mère est génétiquement programmé pour enfouir son petit museau vers les seins maternels et en chercher le téton nourricier dans un élégant mouvement de tête, jusqu'à le saisir entre les lèvres. Alors voilà, j'étais certainement génétiquement programmé pour embrasser goulûment les mamelles de cette généreuse bavaroise.

Stan ne percutait plus, tout se mélangeait dans ses

circonvolutions cérébrales.

Bon, il a l'air perdu ce pauvre garçon, laissons-le à ses pensées, moi je pique un p'tit somme !

Stan resta sans parler ni bouger quelques secondes… minutes ? Certains mots résonnaient encore… Certaines images qu'il y avait associées restaient plantées face à lui. Il put presque sentir les odeurs de boue mélangées au sang… Stan pivota imperceptiblement la tête, pour éviter de dévisager le vieux Monsieur dont le visage exprimait une curieuse alliance de paix et de triste nostalgie …

C'est pendant que cette expression tragique et intense l'immergeait que s'insinua une évidence : il se rendrait sur place, là-bas, à Verdun, sa thèse sous le bras, ou juste en tête. Il irait sentir, ressentir. Les lieux, les gens, les souvenirs… Chercher à s'imprégner. Comment les derniers survivants de cette boucherie vivaient aujourd'hui ? Comment avaient-ils « intégré » cette sale guerre ? Avaient-ils changé alors, suite à cette monstrueuse expérience et surtout, comment ? Comment cela avait-t-il influencé leur vision du monde, des humains. Comment avaient-ils alors géré leurs relations aux autres. Étaient-ils aigris, apaisés, revanchards, dégoûtés. Comment dormaient-ils ? Rêves, cauchemars, insomnies, sommeil serein ? Il reviendrait avec ses propres sensations, images et pourrait les partager avec le vieil homme.

*

Stanislas rentra chez lui accompagné d'une étrange impression. Mitigée, comme à son habitude. Un soupçon d'angoisse, saupoudrée d'exaltation. Il avait peur de ce qu'il risquait de vivre « là-bas », même si ce n'était qu'à travers des monuments ou des vestiges plus ou moins bien conservés et, espérait-il, quelques témoignages « vivants ». Il était néanmoins très excité. Une double idée allait nourrir cette nouvelle tranche de vie : alimenter sa thèse, même s'il avait le curieux sentiment que le sujet initial risquait d'évoluer sans lui demander son avis ni celui de M. Kaléïdos, son Directeur de thèse, et améliorer ses relations avec la seule personne qui comptait un tant soit peu à ses yeux aujourd'hui. Il savait bien qu'il ne maîtrisait pas tout, mais qu'une idée ayant surgi avec autant de vigueur ne pouvait qu'être bonne. Il se laissait porter par son attirance spontanée pour les histoires de famille avec une sorte de simplicité, née de ses propres lacunes dans ce domaine. Le jeune homme ne s'inquiétait même pas de savoir comment il allait procéder. Les « détails » pragmatiques ne l'avaient pas effleuré. Il flairait sa piste et en percevait clairement la légitimité. « Sa » légitimité. Il irait très vite préparer son périple à la fac, sur Internet, en glanant un minimum d'informations sur le trajet, le lieu. Puis il mettrait son prof devant le fait accompli. Il partirait ensuite, sûr de sa quête, avec une petite inquiétude au ventre .... Mais il était décidé.

Stanislas ne se dévêtit pas et démarra d'un geste fatigué sa playlist en mode aléatoire. Il se laissa absorber par son vieux fauteuil et par le blues triste et rauque d'Otys Taylor. Son réveil sonna à 22 h 33… Il se déchaussa alors, rejoint son « lit », s'allongea et trouva son licencieux ouvrage sous le matelas. Il repensa à la teutonne de M. Charles et l'ouvrit à la pliure laissée la veille.

Marina arriva sur le bord de la plage. La chaleur était presque étouffante. Elle commença à scruter les dunes, quasiment déserte. « J'adore cette ambiance » se dit-elle, j'aime bien regarder les vacanciers déjà installés, ensuite m'allonger… ».

Stan s'arrêta. *J'ai déjà lu ce passage hier, merde !* Il retrouva la toute dernière pliure, et reprit donc sa lecture.

Et elle s'installa près de lui. Comme convenu. Il lui fit un clin d'œil qu'elle lui rendit. Au-dessus d'eux, elle était là, cette « inconnue ». L'imagination de Marina commença à divaguer et elle se persuadait alors qu'elle pouvait entrer en télépathie avec son amant et lui parler.

—Ah, ça y'est, tu l'as enfin remarquée ! Comment ne pas la remarquer d'ailleurs ? Tu as déjà constaté qu'elle te regardait me regarder, et me regardait te regarder... Elle nous observe, avec une attention de moins en moins discrète, les yeux à demi plissés car elle est quasiment face au soleil. Elle doit avoir une petite trentaine d'années. La peau mate, les yeux noirs comme ses longs et épais cheveux, très ondulés. Allongée sur le ventre, elle se tient le menton dans ses mains en coupelle, les coudes plantés dans le sable. Son visage a un côté juvénile, un petit nez presque retroussé, et une bouche large, un peu de travers. De là

où tu es, tu plonges dans sa poitrine. Bien que retenue par un soutien-gorge, elle effleure le sol, et lorsqu'elle bouge à peine, les tétons le frôlent, les pointes se dressant dans le tissu étroit. Ils semblent lourds et ronds. Elle relève les jambes, jouent à croiser décroiser ses pieds. Regarde au loin, vers l'horizon, s'attarde sur une nageuse qui entre dans l'eau, puis croise ton regard, le temps d'esquisser un sourire.

Je vous regarde vous regarder. Ton appendice creuse le sable, le fore pendant que notre imagination se débride. Elle se lève, avec lenteur. Plus petite que toi, que moi, aussi, elle apparaît aussi plus lourde, plus dense. Ses galbes sont prononcés mais restent fermes. Son maillot aux dominantes jaunes sur la peau bronzée la rend... désirable. Elle se frotte un peu les bras pour en ôter le sable tenace, puis le cou, le haut des seins, qui bougent alors de droite à gauche, son ventre, ses hanches, ses cuisses. Après cette courte "toilette", elle agite sa serviette, puis l'étend de tout son long avant de s'y allonger sur le dos, les pieds vers nous, jambes serrées, buste relevé sur les coudes pliés. Elle a mis ses lunettes de soleil. Qui regarde-t-elle ? Du talon, elle dessine de petits cercles dans le sable. Écartant un peu ses jambes, les resserrant... Puis elle plie les jambes, pieds joints, et écarte et resserre ses genoux. Tu entrevois fugacement l'intérieur de ses cuisses qu'elle découvre par intermittence. Elle les maintient écartés plus longuement, un pied décalé sur le côté. Le maillot, un peu court est tendu au point qu'il épouse son sexe, et que tu discernes la forme de ses lèvres, épaisses et arrondies. Un peu décalé, j'apprécie son jeu, et, la tête penchée sur le côté, je dessine dans le sable : S E X, pose mon regard sur tes yeux et ne les quitte plus, pendant que mon index, puis mon majeur repasse inlassablement et lentement dans les traces de mes lettres. Elle s'assoit alors, fouille dans son sac de plage, en extrait sa crème, ouvre le bouchon, la pose à ses pieds, enlève ses lunettes, te regarde fixement, me regarde, complice, te regarde encore, sourit, puis tourne sur elle-même et, avant de plaquer son ventre sur la serviette, défait l'attache de son soutien-gorge. Allongée, jambes à peine serrées, bras en croix… Elle attend...

Stan ne tourna pas la quatrième page de sa lecture et comme toujours, en plia soigneusement le coin supérieur droit, le referma, éteignit la lumière et s'endormit aussitôt. Moins de cinq minutes après, ses yeux s'agitaient déjà sous ses paupières closes.

C'est en cherchant l'ombre de son amante que la femme trouva ce figuier. Seul, au centre d'une clairière parsemée de blé couleur bouton d'or, mature, épanoui avec rondeur sous le soleil du printemps. Il était étonnamment précoce, feuillu, foisonnant. Ce qui l'a tout de suite frappée, c'étaient les figues, nombreuses, charnues, au ton prune... Elle a contourné le tronc, tranquillement, les yeux passant d'un fruit à l'autre. Plusieurs fois. Elle ne choisit pas la plus grosse, ni la plus sombre, mais celle dont les proportions flattaient ses pupilles, espérant qu'elles flatteraient autant ses papilles. Assez élancée sans être maigre, ovoïde, sans aspérité. Elle la fit rouler lentement dans sa main, les yeux fermés. Caresses. Le soleil lui chauffait le dos. Caresses. La figue était tiède. Son dos a touché le tronc courbe. Les yeux clos, elle continuait d'apprendre les contours de cette promesse gourmande tandis qu'elle s'accroupissait imperceptiblement. Sa colonne a râpé l'écorce, sans mal, ses fesses ont creusé un siège sur mesure, dans la mousse tendre. Puis, des deux pouces, elle a précautionneusement pénétré le fruit. Du faible orifice, un liquide doré et mielleux s'est écoulé. Elle a léché ses doigts. Savoureux prélude. Les a réintroduits dans la fente naissante. Progressivement, l'ouverture se prononçait. Elle s'est interrompue lorsqu'elle eut l'allure d'une grosse amande, dont chaque extrémité ressemblait aux commissures d'une bouche entrouverte. Les pourtours, violacés, enserraient deux masses de chair longilignes et renflées, presque roses, que leur jus faisait briller. Ses doigts les parcouraient. Les deux lèvres frémissaient presque. Elle approchait son visage, inhalant sans retenue l'odeur sucrée. Sa langue, déployée, vint recueillir une perle de suc. Douce tiédeur. Sensuelle saveur. Ses lèvres embrassaient la vulve fruitée, sa langue en parcourait les moindres alcôves, passionnément, jusqu'à la mordiller à peine. Puis ... elle entra dans une semi-torpeur doucereuse. Ses paupières recouvraient ses yeux, la figue ouverte laissait filtrer le nectar entre ses doigts, comme une petite fontaine. Son autre main appuyait sensiblement sur son sexe. Elle entendait le vent léger slalomer souplement entre les feuilles, les touchant à peine.

Elle perçut ses pas. Elle entendait chaque talon assouplir l'herbe sans la briser. Elle devait être légère, mince pour seulement les survoler... Elle s'approchait, avec autant de certitude que de délicatesse. Elle entendait la brise l'inviter, l'accueillir, la prendre dans ses infinis bras de dentelle. Elle percevait le souffle du vent rencontrer le sien, se mélanger. Elle était tout près. Elle sentait son odeur et croyait la reconnaître. Sa main. Sa main frôla la sienne, s'empara de la figue. Elle entendait ses doigts fins la caresser comme elle l'avait fait. Elle imaginait ses yeux bleus fascinés par les couleurs, les odeurs, la texture. Elle glissait sa main sous sa robe, l'apposait à même son mont de Vénus, accentuait la pression de chaque doigt, un à un. Elle entendait la sienne porter le fruit vers son visage. Elle entendait l'air, chargé des fragrances du fruit sucré pénétrer son nez, satisfaire ses neurones. Elle entendait sa bouche s'approcher. Elle ressentait le contact saphique de ses lèvres rouges sur celles du fruit. Sa main bougeait. De haut en bas, très lentement. La figue se mit à trembler, à emplir la clairière de ses vibrations sonores. Les oiseaux s'envolèrent subitement, les mammifères s'enfuirent. La figue, devenue énorme et boursouflée crachait ses pépins gros comme des melons et criait « 9, 9, 9, 9, 9, 9 !!! »

*

Après les rondeurs de la figue, ce furent Verdun et ses tranchées qui hantèrent finalement son esprit lorsqu'il arriva à la Fac. Des jeunes de sa promo étaient groupés dans l'entrée, face au panneau d'informations. La plupart riaient, quelques-uns semblaient soucieux. Charlotte et Elsa caquetaient bruyamment, des bribes de leurs échanges lui parvenaient au fur et à mesure qu'il s'approchait. Il stoppa à « sa » bonne distance. Pas trop loin pour comprendre, pas trop près afin de ne pas se mêler au troupeau. Il comprit que M. Kaléïdos était tombé malade et plusieurs hypothèses s'affrontaient. Stan trouvait assez déplorable que ce pauvre homme fût ainsi maltraité en son absence, quand bien même ses cours fussent-ils rébarbatifs. Après tout, ce qui importait était de se cultiver. Quoiqu'il en soit, il apprit qu'il avait été kidnappé par des aliens cherchant sur Terre un être vivant capable de produire des sons qui endormiraient facilement leurs agités rejetons. D'autres étudiants « bien informés » défendaient la thèse d'une promotion au service musicologie. On l'y aurait nommé pour devenir le premier diapason humain, le son monocorde de sa voix produisant un « La » constant d'une parfaite justesse ! Enfin, un troisième groupe affirmait de « source sûre » qu'il était parti écrire son second et dernier ouvrage et qu'il l'intitulerait "sociologie culturelle et anthropologique des dynamiques historiques "ou peut-être même s'il en avait l'audace, « culture dynamique de l'histoire de l'anthropologie sociologique » ! Une autre information lui parvint dans la foulée. M. Kaleïdos était remplacé dès aujourd'hui par Eléanore Marinova, toute juste arrivée de Roumanie selon les uns, ou de Russie selon les autres. En tout cas de l'Est. Certains étudiants l'ayant aperçu furtivement le matin évoquaient déjà leur attirance pour une femme qu'ils qualifiaient de « sûrement bonne » ou encore de « hum, le corps d'Eléanore, j'adore ». Les filles évoquaient une probable « chaudasse salace montée sur échasse ». Tous en parlaient cependant en baissant la voix, car Mme Marinova avait la réputation d'être extrêmement sévère, quoique juste. Elle avait aussi, parait-il, de l'humour, mais il était corrosif et le respect qu'elle inspirait lorsqu'on se trouvait face à elle impliquait de savoir se tenir. Les cours festifs de M. Kaleïdos allaient vite devenir de lointains souvenirs et on parlerait alors la larme à l'œil du « bon vieux temps ». Les étudiants se dispersèrent ensuite dans un indescriptible brouhaha, semblable à celui produit par le million de gnous migrateurs lorsqu'ils traversent la Grumeti River en Tanzanie. Stanislas ne comprenait pas quel était le sujet évoqué. Il dut attendre qu'ils se dispersent pour s'approcher à son tour. Il découvrit alors une liste de noms, dont le sien. Il avait rendez-vous pour un entretien de « mise au point » avec sa nouvelle Directrice de thèse, Mme Marinova. Il se demanda aussitôt si son projet d'escapade à Verdun passerait aussi aisément qu'avec son monotone et rébarbatif professeur, et se récitait en boucle la présentation qu'il avait préparée.

À 13 h 55, il se présenta au secrétariat, puis s'assit sur une des chaises situées dans le couloir, face à la porte de M. Kaléïdos dont le nom n'avait pas été remplacé. Stanislas se serait volontiers posé des questions sur la raison et la durée de son absence, mais il préférait se concentrer sur l'imminent entretien. La porte s'ouvrit à 14h00. Eléanore Marinova se tenait face à lui. Grande. Élancée. Quadragénaire à l'allure sportive, si bien conservée qu'elle avait peut-être dépassé la cinquantaine. Rehaussée par des escarpins couleur prune estivale. Taille mannequin, sans anorexie ni obésité. Elle portait des vêtements superposés avec des effets de matières. L'ensemble paraissait aérien, moderne et élégant. Un jean fuseau avec des surpiqûres violettes soulignait ses formes et expliquait la soudaine montée de libido des étudiants ce matin. Elle avait recouvert un chemisier sans manche en lin blanc au col relevé d'une robe débardeur en mousseline pourpre arrivant sous la fesse d'un côté, et remontant obliquement jusqu'à la hanche de l'autre. Ses bras et ses épaules nus étaient secs, musculeux, félins. Eléanore Marinova se tenait très droite et cambrée. Malgré le tissu vaporeux du chemisier, on devinait une poitrine généreuse mais sans excès. Elle présentait un visage aux lignes harmonieuses alternant tensions et courbes douces. Des sourcils fins et asymétriques : le droit, plus relevé, lui donnait un air interrogateur, synonyme de curiosité, le gauche, refermé, était signe de méfiance. Ses cheveux coupés en carré court hésitaient entre le blond très pâle et le blanc pur, et laissaient respirer une nuque élancée, au sommet de laquelle elle portait fièrement son visage, menton subtilement relevé. Ce port de tête altier qu'un petit sourire en coin venait pondérer pouvait être qualifié par les uns d'hautain, par les autres de pervers. Une troisième catégorie pensait qu'elle était simultanément les deux ! Quoi qu'il en soit, le tableau qu'elle offrait était indécis, oscillant entre sévérité et convivialité tout en lui conférant prestance et raffinement. Un personnage énigmatique. Stanislas la trouvait presque belle et ne l'imaginait pas ailleurs que dans un magazine people, au bras d'un riche homme d'affaires bedonnant, d'un charismatique ministre du gouvernement, à moins qu'elle-même en fit partie. Elle le fixait d'un regard soutenu, bleu marine, avec des reflets violines. Intrigant. Troublant. Dérangeant. Attirant. D'une voix presque grave, il fût prié de s'asseoir, puis elle prit place derrière le bureau, face à lui. Son dossier était déjà sorti. Elle l'ouvrit sans le quitter des yeux.

—Je suis Eléanore Marinova et vous êtes donc Stanislas Vadim. Elle fit une courte pause. Le jeune homme fronçait les sourcils, ses mains se crispaient sur les accoudoirs du fauteuil. Avec une grande perspicacité, elle infléchit adroitement son regard.

—Je ne vous poserai pas de question d'ordre familial, je ne suis pas là pour ça.

Pendant que Stan relâchait la pression de ses doigts, elle le fixa de nouveau et poursuivit.

—Comme vous l'avez appris ce matin, M. Kaleïdos est absent. Sans rentrer dans les détails, sachez que je le remplace jusqu'à la fin de l'année scolaire et qu'à ce titre, c'est donc moi qui ait dorénavant la responsabilité de suivre votre thèse. Je suppose que ma réputation m'a précédée et je vous confirme que je suis aussi exigeante qu'intransigeante, pour d'évidentes raisons qualitatives que je ne vous ferai pas l'affront de développer. J'ai consulté votre parcours, vos résultats, il est manifeste que vous me comprenez parfaitement. Apprenez que je suis aussi éprise de justice et perpétuellement guidée par un intense souci d'équité. Je vous recommande donc de jouer la transparence avec moi, vous aurez tout à y gagner. Nous n'aurons guère le temps d'échanger longuement au sujet de votre travail en cours aujourd'hui, nous conviendrons pour cela, à la fin de notre entretien, d'une nouvelle date. Cependant, il nous reste quelques précieuses minutes, avez-vous des questions, remarques ? Je vous écoute.

À chaque mot, chaque geste, elle réinventait l'expression « une main de fer dans un gant de velours ». Elle l'avait déstabilisé. S'il se souvenait vaguement de Verdun, du moins devait-il en parler, son petit laïus appris par cœur ne lui revenait plus. Il décida de se lancer, sans peser les mots, après tout, au pire il pourrait s'y rendre pendant une période de vacances.

—Pas de remarques Madame… et…

Il cherchait ses mots.

—Je sens qu'une question vous brûle les lèvres. Encore une fois, soyez franc-jeu, ne me craignez pas, le pire qui puisse survenir serait que je vous réponde négativement. Alors je vous écoute.

Elle joignit ses coudes qu'elle posa sur le bureau, accola ses poignets et ouvrit les mains telle une corolle frôlée par la rosée matinale dans laquelle elle accueillit souplement son menton. Elle continua de le fixer, tout en relevant ses sourcils, comme deux points d'interrogation duveteux.

—Eh bien, je... je souhaiterais me rendre à Verdun aussi tôt que possible parce que pour ma thèse, je travaille à la maison de retraite La Belle Époque où j'ai des rendez-vous avec M. Charles qui a 103 ans et qui m'a parlé de la guerre 14-18 à laquelle il a participé en me racontant qu'il était dans l'infanterie dans le 43ème régiment et que pendant cette guerre son ami Hubert avec qui il se battait toujours à l'école parce qu'il était contre Dreyfus s'est sacrifié avec une grenade pour tuer des allemands qui allaient exécuter des civils dans une ferme pour pouvoir retrouver des soldats alors comme l'idée m'est venue d'aller à Verdun quelques jours pour essayer d'obtenir des informations auprès de la population locale et aussi des…

Sa logorrhée venait de cesser nette. Il soufflait comme s'il venait de passer la ligne d'arrivée après un quatre-cents mètres haies. Madame Marinova le laissa respirer... et chuchota :

—Pour ?

Stanislas repris sa respiration tant bien que mal et hachura sa réponse.

—Pour… disons… en fait… eh bien… ça fait longtemps… que je vois M. Charles… et…

Sa prof lui adressa un regard compatissant, presque complice et, tout en conservant son visage enveloppé dans ses mains, elle pencha furtivement le buste pour se rapprocher.

—Et ?

—Et… disons que j'aimerais aussi lui faire plaisir.

—Vous voulez dire… - en souriant - surtout ?

—Surtout ?

Elle lui répondit, presque maternelle :

—Vous aimeriez SURTOUT faire plaisir à M. Charles en allant à Verdun, n'est-ce pas Stanislas ?

Lui ne savait plus trop où il en était. Il ne parvenait pas à stabiliser ses émotions qui parasitaient son intellect. Il pensait se maîtriser en toutes circonstances et esquiver tout affect exogène comme le canard laisse couler l'eau sur ses plumes, mais se trouvait soudain face à une situation nouvelle et complexe. Anxiogène donc. Émouvante aussi car cette femme, sous des aspects froids et distants venait de lui démontrer une forme d'empathie, de capacité de compréhension et de sagacité.

—Stanislas, en allant à Verdun, vous aimeriez SURTOUT faire plaisir à M. Charles ?

—Oui.

—Alléluia !

—…

—Stanislas, je vous répondrai en deux points. Premièrement, votre exposé est décousu. Votre débit vocal bien trop véloce nuit à sa clarté et aurait pu amenuiser le niveau de sérénité de votre interlocutrice. Mais, vous avez de la chance, votre interlocutrice, c'est moi, et je suis de bonne composition.

La mine du jeune homme se renfrogna.

—Oui, car secondement, ce que j'en ai compris est cependant suffisant pour vous donner mon accord. De principe. Avant de me renseigner pour mener plus avant ce palpitant projet, je vous demande instamment de rejoindre le cours de Mme Verve, qui vous donnera quelques clés destinées à vous rendre plus à l'aise dans des situations stressantes et à pouvoir présenter avec conviction et efficacité n'importe lequel de vos projets, à n'importe quel auditoire. Elle a tout de même réussi à vendre au triple de son prix le livre écrit par M. Kaléïdos à son propre auteur ! – elle sourit - Ne bougez pas - prit son téléphone – Prévenez mon prochain RV qu'il est reporté à demain, vous m'excuserez auprès d'elle, merci.

Je ne comprends rien, mais rien de ce qui se passe...

—Vous ne comprenez pas semble-t-il. L'équité, c'est en l'occurrence de vous accorder plus de temps à l'instant car votre projet est urgent, nous savons tous deux pourquoi et de décaler un autre rendez-vous dont je sais pour en avoir étudié le dossier qu'il peut patienter vingt-quatre heures. Vous avez donc mon accord, de principe disais-je. Mais de principe seulement…

Elle le dévisageait, immobile.

—Je…

—…

—Que dois-je faire ?

—Merci Stanislas pour votre réactivité !

Elle rit sans retenue, d'un rire épanoui, sans concession, ni ostentation. Naturel et assumé et surtout, Stan ne ressentit aucune moquerie.

—Nous devons seulement en préparer les modalités ensemble.

—Vous… m'accompagnez ?

Elle rit aux éclats et poursuivit en toute décontraction, ce qui permit de ne pas attiser la susceptibilité de Stanislas.

—Non jeune homme, je vous demande seulement, si vous n'avez pas déjà réservé un logement sur place, de noter ce que je vais vous dire.

Elle glissa devant lui un calepin, tendit avec grâce son stylo plume et saisit le téléphone portable qui se trouvait posé à côté du fixe, sur le bureau. Stanislas le prit du bout des doigts. C'était un Mont-blanc. Au sommet du capuchon flottait un minuscule diamant enserré dans un petit dôme translucide. La version luxueuse du décor étoilé des boules-de-neige. La silhouette du stylo, toute en courbes, reflétait la féminité et la sensualité de sa propriétaire.

—Voilà, veuillez noter : Polyèdre d'Archimède ADES, prononcez Adès, mais je vous rassure, c'est un lieu tout sauf mortel, vous verrez. 66 allée de l'Étang, à Belleville-sur-Meuse. C'est à moins de dix kilomètres de Verdun. Vous allez appeler de ma part ce soir avant 22 heures, et vous demanderez M. Tidjeuns, prononcez bien Tidjaince. C'est le majordome. Ils pourront vous accueillir, pas ce week-end, mais le suivant à n'en pas douter.

Stanislas ne comprenait toujours pas, mais notait consciencieusement.

—Vous pourrez y demeurer deux nuits, à vous de choisir, du vendredi au dimanche, ou du samedi au lundi. Réservez votre soirée de samedi, c'est comme ça là-bas. Je réponds tout de suite à vos questions subsidiaires. Non, ça ne vous coûtera rien, vos billets vous seront remboursés, pensez à conserver votre preuve d'achat. M. Tidjeuns viendra vous chercher à la gare et vous serez gracieusement logé-nourri. Je le fais parce que j'aime votre projet. Et puis parce que vous êtes très loquace.

–…

–Je vous raille, non parce que vous n'êtes pas plus loquace que prolixe, mais parce que j'aime bien votre personnalité !

– …

–Là, vous devez penser que je quitte mes prérogatives. Et vous aurez raison. Mais ça m'amuse et je peux me le permettre, c'est un de mes privilèges. Et j'aime l'amusement autant que le travail, vous imaginez ?

–Euh … non, enfin, oui, enfin je crois.

–L'amusement Stanislas, c'est indispensable, essentiel, incontournable, primordial, fondamental, vital. O-BLI-GA-TOIRE ! Vos études. Elles le sont tout autant, croyez bien que j'en ai une conscience aussi aiguë que la vôtre, mais vous amusez-vous ?

–Euh… oui, enfin… Je crois …

–Vous croyez ! - Elle lui sourit spontanément – Moi je suis persuadée du contraire. Et vous ne parviendrez pas à me persuader du contraire de ce dont je suis persuadée !! Parlez-moi de votre dernier amusement, tout de suite, sans réfléchir !

–…

–Nous voilà d'accord. Amusez-vous Stanislas ! Je ne

vous ferai pas les éloges du célèbre *Carpe diem*, mais au rythme de croisière qui est le vôtre, dans trois ans vous avez un ulcère. Et moi je n'ai pas envie que vous ayez un ulcère car je suis un peu responsable de vous, n'est-ce pas, donc promettez-moi de profiter un peu, beaucoup, de votre séjour. Alternez les moments de nostalgie martiale et de poignants échanges gérontologiques, avec des temps de délassement et de plaisir, vous verrez comme le polyèdre est en cela facilitateur.

M'amuser, m'amuser ... Elle est marrante elle. Bon, j'ai pas le choix pour cette histoire de rendez-vous à Verdun, mais c'est pas gagné !

Stanislas ne comprenait toujours pas tout, mais répondit positivement. De toute façon, que pouvait-il faire d'autre ? Elle venait en moins de dix minutes de comprendre son fonctionnement alors qu'il n'avait aligné que trois mots, de valider son séjour aussi catastrophique qu'en fût sa présentation et lui fournissait en plus un trajet, un logement et des repas gratuits !

—Je... vous le promets.

—Bravo !! Avant de partir en cours, la question du jour, pour vous amuser un peu, il faut bien commencer : savez-vous ce que signifie l'acronyme S.M.S. ?

—Vous voulez dire les sms que l'on envoie par téléphone ?

—Ne répondez pas à ma question par une autre question, petit impertinent que vous êtes ! Que signifie l'acronyme S.M.S ?

—Euh... je crois que ça veut dire Send Message ou Short

Message quelque chose…

— Miséricorde… Vous manquez singulièrement d'imagination. Allez, pour notre prochain entretien, faites-moi plaisir - elle insista sur le mot plaisir - avec de nouvelles propositions plus « exotiques » ! Alors…Prochain Rendez-vous… Elle pointa l'écran de son ordinateur de l'index - Demain, 14 h 15 ! À demain.

— À demain Madame.

*

Il sortit sans ajouter un mot de plus, déstabilisé par cet échange dont il ne comprenait pas vraiment la nature mais qui globalement s'avérait positif. Pour se rendre à son cours d'anthropologie, il emprunta l'escalier A, descendit deux étages, traversa le Hall C2, puis grimpa les cinq étages de l'escalier F. Des plaques de peinture tombaient régulièrement des murs comme la chair nécrosée du corps d'un lépreux et crissaient sous chacun de ses pas. Il entra dans l'avant-dernier couloir, aperçut Elsa, assise seule à mi-distance, qui l'apostropha, larmoyante. Le son était encore faible, mais il comprenait d'autant mieux qu'il se rapprochait.

— Staaaaaaan !! Tu devineras jamais ce qui vient de m'arriver !

— Les pinceaux de Picasso avaient œuvré : son visage tordu exprimait colère et déception. Elle était recroquevillée sur elle-même, écrasant ses seins entre son menton et ses cuisses. Son élocution n'était qu'une éruption vulgaire :

—Cette pétasse de connasse de chaudasse a reporté mon rendez-vous à demaaaaaaaaain !!

Stan arrivé à sa hauteur, la fusilla du regard. Il articula chaque mot et chacun d'entre eux était contondants comme autant de gourdins, masses d'armes, marteaux et bâtons.

—Si - tu - manques - encore - de - respect - à - un - prof - je - te - claque.

—... Stan... ?

—

Que ce soit avec sa guitare ou sa harpe, elle se faisait plaisir et se transcendait parfois lorsqu'elle trouvait, au gré de ses humeurs, une succession d'accords qu'elle jouait de plus en plus vite, de plus en plus fort. À d'autres moments, elle se laissait porter par des notes successives, lentes, qui lui tiraient une larme, ou deux. La première fois que cela lui arriva, elle s'arrêta net. Resta hébétée quelques instants. Se leva, pris un vieux cahier, un stylo et commença à écrire.

—

En arrivant dans sa maison-garage, il se rua dans les toilettes, elles aussi restées « en l'état ». Turques. Dans la série des petits plaisirs simples, Stanislas aimait uriner après s'être longtemps retenu pour accéder à une délivrance encore plus libératrice. Stan possédait un sens de l'hygiène plutôt développé pour un homme et il aurait volontiers apprécié les feus bidets ou autres WC japonais à jet vertical. Pour sa part et à défaut, il mettait à sa disposition des rouleaux de papier toilette triple épaisseur minimum qu'il doublait et des lingettes pour nettoyer les fesses des bébés. Les premiers parce qu'après avoir voulu faire des économies en achetant du papier bon marché, donc très fin, il s'était un jour retrouvé à s'essuyer le séant quand le papier se déchira sous la pression. Dans l'élan, il ne put éviter à ses doigts de se retrouver malencontreusement souillés. Les seconds parce qu'il avait vu un reportage sur des prostituées, dont l'une d'elle se plaignait d'avoir à sucer des "bites qui puent" et implorait les clients qui faisaient appel à ses services de bien vouloir se "shampooiner le gland" avant de venir la voir. Il ne fréquentait pas de femmes vénales mais avait généralisé cette réflexion à toutes sortes de situations et préférait être tout à fait soigné, des pieds jusqu'à la tête en passant par le sexe, si d'aventure il se retrouvait par exemple accidenté et nu face à des infirmières !

Certains font des toilettes un temple de la littérature et affectionnent de se plonger dans un livre le derrière à l'air, pour la cul-ture probablement. Stanislas, lui, y passait toujours aussi promptement qu'il pouvait. Il pensait qu'à l'instar de la jungle amazonienne, du fond de la cuvette des tas de petites bêtes pouvaient remonter jusqu'à ses fesses laissées sans protection : tiques, serpents, ou pire, le PPQRDLC, le *petit poisson qui rentre dans le cul* pour y pondre ses œufs. Cette espèce de parasite vit entre les écailles des poissons ou sur les caïmans et se plaît à pénétrer dans l'anus pendant la baignade. Ayant lu un jour que des égoutiers avaient retrouvé un caïman, pourquoi pas aussi des PPQRDLC. Tout devenait possible, donc vigilance accrue !

Le cerveau de Stanislas aimait se distraire sans lui en demander l'autorisation, sur un sujet qu'il lui imposait pour des raisons mal identifiées. C'est en ressortant un jour des WC de la Fac que naquit une réflexion sur la fonction sociale des latrines publiques pour hommes qu'il côtoyait par ailleurs le moins possible. Pour le jeune homme, elles abritaient logiquement des urinoirs dans lesquels on pouvait y évacuer le contenu de sa vessie avec tous ces composants chimiques dont le maintien dans le corps serait néfaste à son bon fonctionnement. Et elles revêtaient aussi une très intéressante fonction de dévidoir psychologique. L'homme muni d'un outil de forme le plus souvent phallique, stylo, couteau voire cutter, vidait sur les murs tout ou partie de son contenu psychique, dont le maintien dans la zone cérébrale incriminée eut été … néfaste à son bon fonctionnement !

L'urine est un poison pour l'organisme. Donc on l'expulse. Certaines pensées primitives et violentes sont un venin pour le psychisme, envahissent l'esprit et sont le terreau de passages à l'acte incontrôlés et dévastateurs… Donc on les chasse en les exprimant selon des modalités vandalisantes qui, bien que critiquables, permettent cependant à l'individu aigri et/ou psychopathe de sortir des WC pleinement satisfait de lui et moins enclin à réellement : niquer sa mère, enculer les fascistes, les Juifs, la chienne du voisin, le voisin lui-même, son patron, le gouvernement, la Terre entière et traiter toutes les femmes de « grosses salopes ». Forts de cette perspicace analyse, Stanislas imaginait le personnel travaillant à l'"hygiénisation" de ces espaces de double délivrance endosser la casquette de psycho-gogue ». Ces lieux pouvaient donc accueillir sans risques de dangereux malades mentaux ou de simples frustrés de la braguette en leur permettant de libérer leur « douche dorée » et surtout de "se" libérer de propos unanimement réprouvés socialement.

Après s'être soulagé puis nettoyé avec une minutie de chirurgien le *rerad koc'h* comme l'aurait dit M. Charles, Stan sortit la page du calepin qui contenait les informations pour Verdun. Encore perturbé par sa rencontre avec Mme Marinova, il ne savait trop comment interpréter son aide, qu'il trouvait toutefois opportune. Fallait-il s'en plaindre ? Pas plus que nécessaire, essaya-t-il de se convaincre en prenant son téléphone. L'important était que son projet progresse et ce coup de pouce du destin, bien qu'inattendu, s'avérait surtout providentiel. Il relut ses notes, prépara mentalement son intervention pour être à la hauteur du personnage campé par sa nouvelle prof. Une voix féminine l'accueillit.

— Bonjour, vous êtes bien au Polyèdre, que puis-je pour vous être utile ?

— Bonsoir, je suis Stanislas Vadim, j'appelle de la part de Madame Marinova et j'aimerais m'entretenir avec M. Tidjeuns s'il vous plaît.

— Bonsoir, M. Vadim, Mme Marinova nous a en effet avisé de votre appel. Je vous prie de bien vouloir patienter quelques instants, je vous mets en relation avec M. Tijdeuns.

Il n'eût pas à attendre, une seconde voix lui répondit aussitôt. Masculine, d'une neutralité bienveillante.

— M. Vadim bonsoir. Je suis M. Tidjeuns, majordome du Polyèdre d'Archimède Ades. Mme Marinova nous a recommandé de vous réserver le meilleur accueil, nous serons donc ravis de vous accueillir.

— Ah, eh bien merci.

— Souhaitez-vous nous faire part de votre choix concernant vos deux nuitées ?

— Eh bien… du vendredi au dimanche ?

— Ce qui vous convient nous convient M. Vadim. C'est noté. Puis-je vous poser quelques questions, destinées à parfaire votre séjour ?

— Euh... oui, oui, vous pouvez.

— Quelle est votre couleur préférée, M. Vadim ?

— ...

— Ne vous inquiétez pas M. Vadim, nous souhaitons juste rendre votre séjour le plus plaisant possible et hautement personnaliser ce qui peut l'être.

— Ah... d'accord, alors le noir, l'orange, la couleur terre aussi.

— Instructif. C'est noté. Vos musiques préférées M. Vadim ?

— Musique classique, Wagner, Prokofiev, Bach, Verdi.

— Très intéressant. C'est noté M. Vadim. Vos aliments préférés ?

— Je fais attention à ce que je mange, mais de tout en fait, sans excès et sans sucreries.

— Appétissant M. Vadim. C'est noté. Vos matières préférées ?

— La sociologie

— Pardonnez-moi M. Vadim, j'aurais dû préciser, je souhaitais connaître les textures que vous appréciez plus particulièrement.

— Ah... Je comprends, alors, la terre humide, la mousse, la suie, le velours…

— Enrichissant. C'est noté. Votre film préféré M. Vadim ?

— *Blade runner*

— Captivant. C'est noté M. Vadim. Connaissez-vous votre horaire d'arrivée à Verdun ?

— Je ne me suis pas encore renseigné…

— Dans ce cas, je peux vous communiquer les horaires d'arrivée, préférerez-vous nous rejoindre en matinée, journée, ou soirée M. Vadim ?

— Fin d'après-midi par exemple ? Et sinon, vous n'êtes pas obligé de m'appeler M. Vadim tout le temps.

— Très bien M. Vadim, préférez-vous plus sobrement

« Monsieur » ?

— Si vous voulez, oui.

— Soit, Monsieur. Les trains arrivent respectivement à 17 h 08 ou 18 h 09. Ensuite, nous entrons dans la soirée avec le train de 20 h 21.

— Eh bien... 18 h 09 ?

— Précisément. C'est noté Monsieur. Je vous y attendrai personnellement à l'heure dite. Je crois que nous avons fait le tour, n'oubliez pas, je vous prie, de demeurer disponible pour la soirée de samedi, je présume que Mme Marinova vous a informé de cette obligation et que c'était ainsi au Polyèdre ?

— Oui oui, tout à fait, elle m'a prévenu. Bien, merci pour tout, à vendredi prochain alors ?

— Exactement. C'est noté. À vendredi Monsieur.

Stanislas ferma le clapet de son téléphone. Il se questionnait quant au programme du mystérieux samedi soir, mais décida, tout en restant méfiant, car telle était sa nature entretenue par son expérience, d'essayer, pourquoi pas, de profiter un peu. Il n'y croyait guère, mais se sentait le devoir de fournir cet effort afin de remercier sa prof de l'aide qu'elle lui fournissait. Il s'installa derrière son bar, sortit ses cours et étudia consciencieusement. Le jeune homme possédait une grande capacité de travail et pouvait rester concentré pendant des heures sans la moindre interruption, ses sens œuvrant tous pour le même objectif : comprendre, intégrer, faire des liens, aller plus loin, retenir.

Après des heures de travail dense et constant, Stan s'installa dans son fauteuil et alluma la télé. Jusqu'à présent, il ne regardait que des programmes choisis et planifiés après en avoir vérifié l'intérêt intellectuel. Il ne se rendit pas compte sur le moment que pour la première fois il allait visionner une émission sans en connaître à l'avance sinon le contenu, du moins le sujet. Il fut inspiré, car il s'agissait d'une interview d'Igor Porceline, dont le dernier livre à peine publié faisait déjà polémique. « Le mangeur d'âmes » avait pour personnage principal un homme d'âge indéfini, Peter Blackway, à la fois business man sans scrupules, humaniste aux élans caritatifs mondialement salués et secrètement modeleur d'être « humains », véritable schizophrène monstrueux, monstre tricéphale démoniaque capable d'expériences sadiques et parfaitement immorales. Peter Blackway enlevait des nouveau-nés dans des pays où cela était aisé car personne ne les réclamerait. Ensuite, cet ersatz de Frankenstein les façonnait. Le premier d'entre eux fut séquestré et vécu en quasi-autarcie durant ses dix premières années. Peter Blackway lui avait, grâce à l'aide d'un chirurgien complaisant, définitivement ôté les sens de la vue, du goût, de l'odorat et la parole. Il ne lui restait que l'ouïe et ne manquait de rien, de son point de vue. Nourriture remarquablement diététique et copieuse, confort thermique, médical, literie douillette. Des

« nounous » venaient le câliner quotidiennement. Elles n'avaient pas le droit de lui parler intelligiblement, mais devaient le prendre dans leurs bras, le bercer, transmettre la chaleur de leur corps et le gratifier d'onomatopées infléchies, d'intonations rassurantes et chaleureuses afin qu'il ne manque pas de sollicitations affectives. Peter Blackway était fou, mais pas stupide, et l'hospitalisme n'avait aucun secret pour lui. Les femmes-affect étaient amenées sur place dans des caissons d'isolation sensoriel les empêchant de recueillir la moindre information sur le lieu où elles se rendaient. Elles étaient de plus suffisamment bien payées pour exécuter leur « mission » consciencieusement, sans poser de questions. L'une d'elle s'y risqua une fois, la réponse fut aussi expéditive que définitive. L'enfant n'avait jamais entendu la moindre musique, mais disposait exclusivement d'un piano. Un très vieux Bossendörfer " Impérial ", modèle rare dont la qualité n'avait rien à envier aux *Steinway et sons*. Le célèbre facteur mettait à l'époque quatre ans pour construire un tel instrument, dont deux étaient réservés au seul séchage du bois ! Aucune éducation de nature culturelle, pas d'interactions sociales. Une certaine forme d'affection, et des conditions favorisant le développement autonome et personnel d'une musique endogène « pure » et singulière à laquelle se joignait une technicité extraordinaire. Tel était l'objectif du démiurge. Favoriser la naissance de génies artistiques. Ainsi l'enfant développait-il tout son être dans le seul domaine dans lequel il pouvait se réfugier, peut-être s'exprimer, voire prendre du plaisir. La musique et son piano devinrent un prolongement vivant de son propre corps. Il préférait dormir sous l'imposant instrument, recroquevillé comme un fœtus logé dans le ventre de sa mère, plutôt que sur le lit dont il disposait. Il possédait dix doigts et quatre-vingt-dix-sept touches d'ivoire blanches et noires... Et il avait deux cœurs qui battaient en synergie, l'un battait au rythme des pulsations sanguines et l'autre à celui de son âme, dans une cage thoracique résonnante, vibrante et amplificatrice, débordante de notes. Ses cordes n'étaient plus vocales mais musicales et c'est par elles que ses pensées prenaient vie et qu'il accédait aux seules sensations, émotions, peurs, joies aussi qui estompaient ses désirs parfois morbides. Il était un piano vivant. Lorsqu'il s'exprimait son corps tout entier était piano. Son doigt était la touche, jusqu'au feutre du marteau dont il ressentait la douceur. Il était le marteau qui frappait la corde tendue et vibrait avec elle. Il était la note qui s'envolait et revenait l'embrasser, le caresser ou l'empoigner jusqu'à le contenir, le faire exister. Il était l'étouffoir qui stoppait la vibration lorsqu'il relâchait la touche. Il était le silence empreint de sa musique lorsqu'il cessait de jouer, pour dormir, exténué. Peter Blackway tenta ensuite des expériences pour « créer » des peintres à partir de « sujets » rendus sourds, des sculpteurs ne disposant que du sens du toucher…

Stanislas trouvait l'histoire de cet Igor démente. Il

imaginait déjà les adaptations cinématographiques et les fans lobotomisés immergés dans des images qui feraient basculer ces idées absurdes dans le domaine du possible, du réel. Car l'un d'eux, un jour ou l'autre, inexorablement, passerait à l'acte. Cela donnerait du grain à moudre aux journalistes en mal d'évènements macabres et des articles ensuite lus par d'autres déséquilibrés qui concrétiseraient à leur tour leurs démoniaques penchants grâce à des scénarios livrés clés en main ! L'argumentation d'Igor Porceline laissait penser qu'une large part autobiographique nourrissait son écriture, ne se citait-il d'ailleurs pas en déclamant que « sa plume était le prolongement de son bras, qu'il écrivait comme il pensait et qu'un jour il remercierait son mentor de l'avoir inventé ». Il éteint la télé sans regretter ce programme impromptu. Il avait encore appris sur l'âme humaine et il se demandait si un jour son anthropophobie n'évoluerait pas en misanthropie. De nouveau empreint d'un fort sentiment de déréliction, il décida de visionner quelques passages du film de science-fiction *Blade runner*. Parfois, il aimait s'imaginer dans un monde de *réplicants*, ces robots sophistiqués à l'apparence humaine n'en n'ayant pas les défauts. Il mit pause. Le visage de Rachel, l'héroïne, était zoomé. Une *répliquant* d'une intemporelle beauté, au regard triste et charismatique.

À 22 h 33 le téléphone de Stan vibra … Il retira ses baskets, s'affala sur son « lit » et prit son livre sous son oreiller. À 23 h 32 il le referma après y avoir effectué la traditionnelle pliure.

Cette nuit-là, son scénario onirique faisait appel à Roy Batty, le dernier des *Réplicants* qui se métamorphosait en dernier des Mohicans, à Rachel, l'héroïne de *Blade Runner* et à Elsa, célèbre « actrice » de la Fac. La scène se déroulait dans des décors indiens, dans un village de tentes situé près de la rivière sur laquelle il apercevait des canoës transporter des Indiens automates. Lui était aussi un Mohican et se tenait sur la rive, les yeux crevés, pieds et poings liés. Rachel, affublée du visage d'Elsa était de taille lilliputienne et le traînait sur le sol en le tenant par la crête d'une main ferme ! Sa voix était suraiguë, comme si elle venait de respirer un litre d'hélium … « C'est avec moi que t'as rendez-vous mon Staninou chou, on va bien s'amuser tu vas voir... haha, mais comme je suis drôle, tu ne peux plus rien voir !! Ce n'est pas grave, je vais te faire découvrir les joies du sacrifice porcin et en plus je-vais-te-claquer !! ». Elle s'arrêtait pour ouvrir entièrement sa chemise, et découvrait sur son buste, en poussant des grognements rageurs deux rangées de sept mamelles. À gauche, elles étaient roses et dodues. À droite constituées de lames de rasoirs. Les pis se mirent à l'arroser de lait, le multi-jet montait en puissance et n'avait rien à envier à celui des lances à incendie d'une bande de pompiers déchaînés. Les lames tournoyaient sur elles-mêmes comme les pales des hélicos d'*Apocalypse now*. La neuvième minute de la neuvième heure le sauva de la noyade laitière et de la découpe de la cochonne-bouchère !

Il se réveilla encore envahi des souvenirs confus de ses rêves entremêlés, mais une question "existentielle" vint le tarauder : « les androïdes rêvent-ils de moutons électriques ? ».

Ce n'était pas un fleuve blanc né à la source de la « Milk Montain », mais une rivière de larmes translucides et salées qui s'écoulait sans discontinuer des yeux rougeoyants d'Elsa. Lorsque, dans un sursaut de lucidité, elle entendit le seul Solex qu'elle n'eut jamais connu, elle renifla profondément, avala ses glaires, sécha son nez morveux en urgence sur l'épaule de Charlotte et mit son portable à l'oreille. Décourbée, la poitrine en avant, elle parlait à voix très haute pour être entendue, surtout des passants. Stan avait garé son deux-roues et se dirigeait vers l'entrée de la fac, sans lui prêter plus d'attention qu'à quiconque d'autre. Elsa augmenta le volume. « Oui... je sais que tu es trèèès amoureux de moi, oui... mais moi non, n'insiste pas JE SUIS AMOUREUSE DE QUELQU'UN D'AUTRE QUI NE L'A PAS ENCORE COMPRIS MAIS CA NE VA PAS TARDER ET !! ». Le téléphone de la grande rousse retentit alors que Stan parvenait à sa hauteur. Une sonnerie « tendance », stridente et très puissante. Impossible de ne pas comprendre qu'elle avait parlé dans le vide et donc que personne ne l'aimait comme elle le claironnait. Elsa était statufiée. La main tenait encore le portable, mais s'éloignait lentement de l'oreille, la bouche demeurait entrouverte et ronde comme celle d'une carpe koï traversée par un éclair de génie et se demandant si elle n'était pas déjà passée de ce côté-ci du bocal. Les quelques étudiants qui venaient d'assister à la scène la raillaient, certains discrètement, d'autres bruyamment. Elsa rougissait, rougissait encore, « violettisait ». Charlotte s'était désolidarisée de son « amie » et avait reculé de deux bons mètres. Elsa regardait autour d'elle, envahie par la même honte. Stan avait poursuivi sa route sans montrer le moindre signe d'émotion. Il la trouvait toujours aussi stupide, mais à ce moment précis, eut pitié d'elle. Au fond, il ne lui voulait aucun bien, mais aucun mal non plus.

—

Sa première chanson. Son côté sombre avait trouvé comment s'exprimer. Enfin. Elle pleura encore, en souriant.

« Dans nos demeures éphémères »
Il y a longtemps nous étions deux, Deux enfants qui dansaient
Qui dansaient tous leurs jeux
Lui les étoiles, Les étoiles sur les joues, Parce qu'il était un p'tit peu fou
Quand on jouait en rade de Brest, Face aux vagues du grand ouest
Et que le vent faisait le reste
Inventer des villes immenses, Les construire de rochers noirs
Et les grandir du regard
Bâtir les rivages de Byzance

Les étendre le long des anses
Sous les vagues brisant le silence
Dans nos demeures éphémères, Les yeux le cœur dans la mer
Nous faisions mille fois le tour de la terre
Il me reste la caresse du vent, Habillant Brest de blanc
De blanc, et de noir
Amour amer dans la mer, Il y a mort dans Armor
Océan qui a pris son corps
Moi les larmes sur les joues, Il ne me reste sous les yeux
Que des paillettes salées
Brest ... Océan ... Grand Ouest ... Sous le vent
Le vent se lève ... Se déchaîne ... Brise le rêve ... Brise le rêve
Breizh... Souvenir... Haute falaise... Et partir

Une fois encore, c'est Eléanore Marinova qui lui ouvrit la porte, à 14 h 15 précises. Elle s'était concoctée une coupe à la garçonne ébouriffée qui la rajeunissait, encore, tout comme sa tenue. Un pantalon en lin noir, forme bootcutt recouvrait partiellement des sandales à talons hauts de la même couleur. Il laissait apparaître furtivement des orteils fins et réguliers, dont les ongles étaient recouverts d'un rouge carmin qui rappelait celui de son chemisier. Il était cintré à la taille avec une encolure Mao. Les manches ajustées sept huitièmes accentuaient l'élégance de ses poignets. Leur raffinement rehaussé d'une prestance naturelle rappelait à Stanislas les rituels des geishas et il se surprit à se laisser imaginer sa prof lui dévoilant habilement une infime parcelle de son intimité dans un geste sensuel et troublant. Égale à elle-même, elle joua subtilement sur les registres professionnel et personnel. Elle commença en le félicitant pour la rapidité avec laquelle il avait mis en place les modalités de son séjour à Verdun.

—Jeune homme, j'ai une surprise pour vous. *Elle va se cambrer encore plus peut-être, je sais pas si c'est naturel ou si elle le fait exprès...*

—...

—Je vous rassure tout de suite. Je ne fais rien qui ne me soit possible et vous rappelle que je n'attends aucun retour de votre part, vous devez être convaincu de l'aspect totalement désintéressé de ma démarche. Vous êtes un de mes étudiants, brillants qui plus est, je ne fais qu'utiliser au mieux mes réseaux pour vous permettre d'avancer dans votre projet. Je vous ai obtenu un entretien, samedi en début d'après-midi, avec M. Mazière. Un de mes contacts au Polyèdre le connaît bien. C'est un ancien combattant de la Première Guerre mondiale. Il est tout disposé à vous rencontrer et à répondre à vos questions. Sachez dès à présent qu'il a dépassé la centaine et que son extrême fatigabilité réduira probablement l'entrevue à une heure au mieux. Une voiture vous sera fournie afin que vous puissiez vous y rendre en toute autonomie, vous pourrez si vous le souhaitez en profiter pour visiter les environs.

—Je ... je ne sais pas comment vous remercier.

—Essayez le plus simplement du monde ?

—... Merci - susurra-t-il sur un mode presque interrogatif.

—Je vous en prie Stanislas. Au fait, avez-vous songé à l'énigmatique acronyme ?

Elle lui souriait avec naturel, sans le quitter du regard. Le jeune homme avait omis d'y réfléchir. Mal à l'aise, il tenta spontanément un « Sociologie Méthodique et Sérieuse ? » Sa prof s'esclaffa.

—Ne le prenez pas mal Stanislas... Vous me faites rire. Avouez-le et rassurez-moi, vous aviez oublié ?

—...

—Vous aviez donc oublié. Ce n'est pas grave. Il n'y avait là aucune obligation mais je constate avec une touche de regrets que vous avez surtout omis de saupoudrer votre vie d'un zeste de légèreté, me trompé-je ?

—...

—Ce n'est pas que vous n'ayez pas proposé une « solution » originale qui me chagrine, mais que vous ayez oublié ce petit jeu sans enjeu... Vous me comprenez ?

—Eh bien, c'est-à-dire que... je travaille beaucoup et...

—Ce n'est pas incompatible. Essayez.

—Essayer ... ?

—Travail et jeu sont compatibles. S.M.S... Essayez, maintenant, ne pensez pas trop, ne soyez pas rationnel, ne cherchez pas à retomber sur vos pattes et si vous souhaitez oublier quelque chose, oubliez d'abord votre raison. Soyez enfant, comme si vous étiez à la maternelle, avec un pinceau, une feuille vierge toutes les couleurs à disposition et surtout, personne pour vous regarder ni vous juger. Spontané. Soyez spontané ! Allez, top !

—…

—Allez !!

—… Sardine… Mangée… Seul ?

—C'est mieux. Moi je propose Saphir Mal Serti. À vous.

—Saltimbanque… Misanthrope et Sardonique.

—Bien ! Satanisme Malicieusement Salace !

—Saucisson Magnifié par la Sauce !

Le rythme s'accélérait, Stan « réfléchissait » de moins en moins et n'était plus dans le bureau de sa Directrice de thèse. Il jouait à une sorte de ping-pong verbal, une joute oratoire avec une copine de classe, du moins l'imaginait-il, car il n'en avait pas ! Eléanore enchaîna.

—Sein Main Sourire

—Superbe Mine de Sel

—Sillon Mammaire Seulement

—Solex Magique et Sensuel

Le rythme s'accélérait encore.

—Stop maintenant Stop !

—Salamandre Matinée de Sucre

—Haha, Stop maintenant, Stanislas, désolée, je vous dis ça pour vraiment stopper ! Le temps passe, il nous faut malheureusement cesser ! Mais je dois vous féliciter, sans flagornerie aucune parce que je pense que vous vous êtes dépassé, c'était un... Plaisir de vous voir en prendre en jouant avec les mots ! Je ne me trompe pas ?!

– Non, non. Enfin, je veux dire, vous ne vous trompez pas. C'était... vraiment sympa, oui.

L'ardent jouteur commençait seulement à réaliser qu'il avait franchi plusieurs autocensures en quelques instants. Lâcher des séries de mots sans réfléchir. Sans prendre le temps de penser, pour contrôler. Et puis, une grande première à laquelle il n'aurait jamais pensé : jouer à un jeu presque puéril avec une de ses profs, y prendre du plaisir et constater qu'il n'était apparemment pas le seul. Troublant...

– Bravo ! Alors pour fêter cela dignement, je vous donne un indice pour la soirée de samedi, celle dont vous ne savez qu'une chose, c'est que vous n'y échapperez pas. Connaissez-vous l'expression « passer le samedi » ?

– Non...

– Vous avez le temps de chercher. Je vous souhaite de ce pas un excellent séjour et vous suggère de conserver, voire de développer l'ouverture d'esprit dont j'ai été le témoin privilégié et satisfait aujourd'hui.

Stanislas sortit plus léger qu'il n'était entré et vit Elsa, assise face à la porte, la tête rentrée dans ses épaules. Elle le regarda sans lever le visage, de ses yeux encore rougis. Il se pencha vers elle et susurra :

– Ce n'est pas grave, ce qui est arrivé tout à l'heure, tout le monde a déjà oublié tu sais.

Elsa le vit s'éloigner dans le couloir, sans avoir pu lui

répondre. Elle aurait aimé le remercier. De lui avoir adressé la parole et de lui permettre de penser qu'elle n'était pas si nulle que ça. Elle esquissa un sourire en entrant dans le bureau de Mme Marinova.

« Passer le samedi » ... Stan n'avait pas accès à internet chez lui. Il fit donc après son dernier cours un détour par la salle multimédia. Installé devant un poste informatique, il rédigea sa requête et trouva assez vite des liens vers une expression chinoise des années cinquante. Le système, déjà communiste, imposait alors le samedi comme seul jour de la semaine que les couples mariés avaient le droit de passer ensemble. Les fonctionnaires utilisaient cet euphémisme pour parler de *faire l'amour.* Il resta coi. « Sa » prof lui faisait... des avances ? Voulait-elle abuser de sa position « de pouvoir » et, contrairement au professionnalisme dont elle se targuait, exiger de lui de payer en nature ses « services » soi-disant gracieux et désintéressés ? Il oublia aussitôt cette indécente hypothèse. Il devait forcément y avoir une autre explication, peut-être utilisait-elle cette expression dans un sens différent, propre à un contexte qu'il ne connaissait pas ?

—Mon jeune ami, je te trouve un peu bizarre aujourd'hui, que se passe-t-il ?

—Rien de spécial M. Charles, c'est peut-être parce que le week-end prochain je ne serai pas là, je voulais vous prévenir justement.

—Diantre ! Aaaaaah, tu vois une fille c'est ça ? À la délicatesse!! As-tu mangé un œuf récemment ?

—Hier oui, pourquoi ?

—Je le savais ! *Goude un u yar, 'vez nav barr,* ça veut dire *après un œuf de poule, neuf excès amoureux* ! Gourmand va !!

—Ah oui mais non. J'ai mangé un œuf mais je ne rencontre personne !

—Stanislas... regarde-moi dans mes petits yeux de taupe bien ouverts... Tu ne vas rencontrer personne ?

Stan se sentait découvert. Et donc mal à l'aise. Il tenta de couper la poire en deux.

—Je veux dire si, je vais rencontrer quelqu'un, mais...

—Elle est comment sacripant ?!

—C'est un homme, M. Charles.

—...

—Mais c'est juste pour mes études, il n'y a rien, enfin, rien de...

M. Charles éclata de rire et fit claquer ses deux dés qu'il tenait au creux de la main l'un contre l'autre.

—Stanislas, j'en ai vu d'autres tu sais ! Tu as tout à fait le droit d'aimer un homme, ça ne me choque pas du tout ! Tu m'aurais dit une chèvre, mais un homme, c'est peut-être bien aussi !

Ah mon petit Stan, si tu savais...

Le vieux Monsieur continua de le taquiner lui faisant comprendre qu'il sentait bien qu'il se passait « quelque chose » et qu'il n'était pas dupe. Stan ne savait plus sur quel pied danser entre justification de son manque d'attrait pour l'homosexualité, tentatives pour conserver secrète sa virginité et sourires timides lorsque le plus que centenaire arrivait à le dérider.

J'adore cette situation, s'il savait qu'en guise d'intuition...

M. Charles eut la délicatesse de ne pas insister et c'est le temps de la découverte de la "surprise" qui le délivra.

—Mon petit Stan, j'ai ma devinette pour toi. Si tu veux bien ouvrir mon placard, derrière mes slips marsupiaux, tu trouveras un objet, mais lui n'a rien à voir avec les kangourous ! Prends-le et dis-moi d'où il provient et quel est son usage...

Stan s'exécuta et saisit une sorte de sculpture, assez simple, en bois très foncé, usé. Elle mesurait une quarantaine de centimètres de long, sur quinze de haut et représentait... Difficile de déterminer l'espèce animale en question. Un chien, un félin ? En tout cas, il était allongé, la tête légèrement relevée, tendant une langue de métal dont l'extrémité était circulaire et dentelée.

—Un décapsuleur ?

—Tutut, Stan... hâtive réponse, sans la moindre question préalable... ce n'est pas très raisonnable !! Rappelle-toi, « le questionneur posera autant de questions que nécessaire, auxquelles réponses ne seront apportées que par la stricte affirmative ou négative » Et puis un décapsuleur de cette taille...

—Oui vous avez raison... alors... cet objet a une utilité bien réelle, pas artistique ou décorative ?

—Oui.

– C'est un outil
– Oui
– On le trouve habituellement dans un garage ?
– Non
– Dans un champ ?
– Niet
– Une maison ?
– Oui
– … le salon ?
– Nein
– La buanderie ?
– Nann
– Je suppose que ça veut dire non ?
– Tout à fait jeune homme, en breton !
– Dans la cuisine ?
– Oui
– Dans la cuisine… on découpe avec ?
– No
– On écaille ?
– Pas plus

Stanislas repris l'objet en main, parcoura la circonférence de la « langue crénelée » du bout des doigts. Les propos de sa prof lui revenaient à l'esprit : « Je vous suggère de conserver et même développer l'ouverture d'esprit dont j'ai été témoin aujourd'hui. ». Il sourit.

– Seules les femmes l'utilisent ?
– Oui
– Elles effectuent des mouvements de va-et-vient ?

—Oui !

—Elles sont assises dessus ?

—Oui oui !!

—Bah, c'est facile, c'est un sex-toy. La femme se met dessus à califourchon en soulevant sa jupe, et elle se frotte d'avant en arrière.

—Ah, très bien très bien !! Félicitations ! Et la rondelle métallique, quel en est l'usage ?

—Eh bien les plus souples se courbent en même temps pour s'y frotter la pointe des seins.

—Ah, très très bien Stanislas !! Là tu m'épates. Voilà. *Te 'zo 'c'hoant plac'h hete gwenn da daoulagad* !

—Je sais pas ce que ça veut dire mais ça sonne bien !

—Tu as raison. *Tu es en désir de fille jusqu'au blanc de tes yeux* !!

Stan ne put s'empêcher de sourire.

—Haha, mais je plaisante, tu t'es emballé, une fois n'est pas coutume. L'objet du jour n'est pas un objet exotique de plaisir pour les femmes.

—Je le savais. Ajouta Stan en esquissant un sourire.

—Je sais bien que tu le savais, mais j'ai apprécié ton chemin de traverse. Pour la peine je te l'offre ET… ne refuse surtout pas sinon tu risquerais de déclencher un terrible AVC !

—Oh, c'est super gentil, merci, j'adore, mais me direz-

—C'est compris dans le cadeau mon coco. C'est un « râpeur ». Pas de banlieue hein, mais du Cambodge, merveilleux pays. Les femmes l'utilisent effectivement en s'asseyant dessus, mais perpendiculairement et râpent la pulpe des noix de coco. Vas-tu l'emmener avec toi la semaine prochaine ?

—Je ne crois pas, non. En tout cas merci beaucoup, j'aime beaucoup ce « râpeur », il est super original et il ira bien chez moi ! Est-ce que je peux en profiter pour vous poser une question qui concerne justement l'endroit où je me rends ?

M. Charles hocha positivement de la tête.

—Ça s'appelle le Polyèdre d'Archimède ADES.

—Original.

—Vous avez une idée ?

—Alors alors…

Le vieux monsieur sembla soudain bien moins vieux. Ses sourcils froncés n'en rendaient ses yeux que plus clairs et Stan, comme dans le film « Tout ce que vous avez toujours voulu savoir sur le sexe sans jamais oser le demander » visualisait derrière son front ridé ses neurones s'activer de concert pour trouver la réponse, loin dans l'immense mémoire réactivée ! Après l'inévitable et profond raclement de gorge, M. Charles s'élança.

—Polyèdre et Archimède me font immanquablement penser aux polyèdres archimédiens. Il y en a treize, m'en souvienne et tous ont en commun d'être des polyèdres semi-réguliers. Par exemple le cuboctaèdre n'est autre qu'un polyèdre platonicien tronqué. Je m'explique : il s'agit tout simplement d'un cube dont les quatre sommets ont été rabotés en autant de triangles équilatéraux.

—Un cube tronqué… avec quatre sommets… rabotés.

—Pas tout à fait Stanislas. Une fois tronqué, chaque sommet devient un triangle qui lui-même en comporte trois, et fois quatre sommets, en voilà douze au total. Et je te laisse comptabiliser les faces et les arêtes !

C'est le principe du dé de jeu avec ses petits coins arrondis mais bon, est-ce utile de le préciser ? Il rit dans les plis, nombreux, de son visage.

—Je vois les petits coins arrondis, oui. Et le lieu est peut-être cubique ?

—Hypothèse plausible.

—Et Ades ? On m'a dit que ça se prononçait Adès, mais ça s'écrit A- D- E- S.

—Intéressant. Ça ne s'épelle pas comme Hadès, le Maître des enfers, mais se prononce comme tel. Intéressant. Je ne sais que te dire, mais je suis sûr que tu m'apporteras la réponse sur ce lieu bien énigmatique !

—J'en suis sûr aussi, oui !

*

Stanislas traversa les couloirs de la maison de retraite. Il marchait sans se presser, derrière la porte de la chambre 6, il entendit pleurer. Des soubresauts. Plus loin, la porte de la chambre 3 était grande ouverte. Le locataire était assis, seul devant sa télé éteinte, il la fixait, hagard, un filet de bave coulait jusqu'au plaid qui lui recouvrait les genoux. Dans la chambre N°2 il savait que la vieille dame alitée était grabataire et que personne, personne ne venait jamais la visiter.

Il enfourcha son solex, noir comme ses idées tout à coup. Il se disait combien cette société occidentale était en déliquescence, en décadence, en indécence et se demandait comment elle était passée d'une société qui respectait ses anciens et les gardaient dans le giron familial jusqu'à la fin, à une société où les parents devenus âgés n'étaient plus considérés que comme des fardeaux dont il fallait se débarrasser en les laissant mourir avant de toucher l'héritage…

Arrivé chez lui, il s'enfonça dans son fauteuil en écoutant le prélude en C majeur de Bach. Une de ses drogues. Il savait dans quel état ça allait le mettre, il savait que s'il n'était pas totalement triste, il le deviendrait. Il savait que s'il était totalement triste il sombrerait dans un profond dégoût de tout, du monde incompréhensible qui l'entourait, de l'absence totale de sens de ce « bordel » sans nom dans lequel il errait. Dans ces moments-là, il ne se posait plus de questions : il savait. Il savait que la morale inventée par les humains, en particulier à travers les religions monothéistes, n'était qu'un vulgaire concept sans aucun lien avec la réalité. La vérité, c'était que la Terre avait dû accueillir la vie grâce... non, à cause d'un putain de hasard, une putain de conjonction improbable d'évènements qui n'auraient jamais dû être reliés. Mais voilà, la vie… le vivant… Tout s'imbriquait dans les méandres de la violence. Il suffisait d'étudier les différentes chaînes alimentaires des êtres vivants pour s'en convaincre. Comment était-il possible que des animaux, les araignées par exemple, gardent leurs proies vivantes pendant qu'elles s'en nourrissent au fil des jours. Dégueulasse. Tout s'imbriquait dans les circonvolutions de la souffrance. Il n'y avait qu'à regarder les hommes entre eux pour s'en convaincre. Il s'endormit sur les notes mélancoliques de « ich bin der Welt abhanden gekommen », de Gustav Mahler… « Je suis perdu au monde » ...

Stan enfila son maillot de bain sur la tête et plongea dans le chocolat liquide de la piscine en forme de mappemonde dans laquelle la surface de la Terre avait totalement disparu. Il frétillait du popotin sur un matelas gonflable en forme de tigre avec un plaisir affiché. Lorsqu'il s'approchait du bord, il recrachait comme une baleine des jets du précieux liquide sur des toiles disposées tous les mètres. Véritable Dali coupable de délit artistico-alimentaire, sa bouche en cul de cétacé créatif lançait de longues plaintes mélodiques. "Victoooooooooor", "hugoooooooooo"... Soudain, une procession de plantureuses créatures humaines tomba du plafond et fit le tour du bassin. Elles étaient nues et débordantes de chairs aux replis moelleux et appétissants. Toutes les dix , elles s'arrêtaient, se tournaient vers lui, s'accroupissaient au bord, sexe grand ouvert, y introduisaient leurs doigts incurvés pour générer des jouissances fontaines qui jaillissaient alors pour se mêler au chocolat. Puis les nymphes potelées disparurent comme elles étaient entrées. Pendant que Stan se léchait consciencieusement les doigts l'un après l'autre, un gigantesque cachalot-cactus surgit des profondeurs cacaotées qui troua son embarcation plastifiée. L'air s'en échappa avec vigueur et le propulsa directement dans le tiroir médian d'un cuboctaèdre de deux mètres de hauteur. Il y glissa comme un suppositoire victorieux jusqu'à toucher la paroi opposée. La porte métallique qui y était dessinée s'ouvrit largement. Curieux, il passa la tête. Son maillot tomba. Il le vit se perdre dans des abîmes insondables sous le regard pétillant d'une baudroie moqueuse. Il regarda vers le haut et découvrit la lame de la guillotine bringuebalante. Elle lui parlait.

—Je vais couper court avant que tu ne retournes au bouillon petit couillon. Neuf fois je trancherai dans le vif de ton sujet, puis encore neuf fois, ce qui fera neuf neuf, et non pas neuf fois neuf, car quatre-vingt-une minutes ne tiennent pas dans une heure !

Son réveil sonna. Il était 9 h 09. Douche, en repensant régulièrement à la lame tranchante, petit-déjeuner, en repensant régulièrement à la lame tranchante, gare.

Elle aussi avait son « côté sombre », parfois, mélancolique. Alors elle écrivait, encore.

"Dans l'ombre des vagues"
Dans les bleus gris de l'océan, respirent les légendes des marins
Ceux qui rient fort dans tous les temps, chantent le fracas des embruns
Dans l'eau noire et profonde, dansent les sirènes de jadis
Embrassent leurs amants dans la ronde, des tourbillons ivres des abysses
Dans le flux le reflux des ondes, soufflent et

s'entrelacent les vents
Ils spiralent de nouveaux mondes, qui soupirent aux cœurs levants
Dans l'ombre des vagues , nagent les fantômes sans âge
Dessinent leurs rêves sur les algues , tout le long de leur sillage
Dans l'ombre des vagues, scintille l'âme de la mer
Dans l'ombre des vagues

Stan était dans le train. Il n'avait pris qu'un sac à dos contenant de quoi se changer une fois, les notes prises sur le web au sujet des lieux qu'il aimerait visiter, son petit appareil photo numérique qui faisait aussi dictaphone. Un calepin, un stylo. Verdun et lui avaient rendez-vous. Ballotté entre Histoire, humains, histoire des humains, histoire d'un homme, il sentait de plus en plus consciemment la charge émotionnelle peser sur les heures à venir et donc « son » histoire, sans pouvoir en définir les contours ni y accoler le moindre mot. Il se surprit finalement à apprécier ce moment. Lui qui avançait avec la béquille de l'habitude à gauche et celle des actes machinaux à droite, un sentiment inconnu de prémices de calme avant la tempête l'avait gagné. Sous son crâne, il percevait à peine la houle se préparer, mélangeant ses vagues dans un rituel d'écume que n'aurait pas renié un démon se frottant les mains avant une excitante exaction. Le jeune homme sortit le journal acheté avant son départ. Il y était question de musiques actuelles. Il découvrit que le groupe *Spirale* qu'il aimait tant sortait un nouvel album. « Noir de suie ». Des compositions sombres et pesantes illustrant à la façon d'une musique de film des textes écrits dans l'ombre. Il s'attarda sur les paroles de « Descendre au Paradis » qui lui parlaient :

Y'a d'la misère en moi pourtant nos pères Frappent les mêmes pierres Depuis des mille des millénaires Faut-il encore laisser faire la bande à Lucifer Moi j'ai des tonnes de trucs à faire Un peu partout sur cette terre Un peu partout sur cette terre.

Son humeur s'assombrissait, il préféra quitter cette triste page pour la suivante. Le reportage s'intéressait à la chanteuse *Nitouche*. Elle arborait un look assortissant crépusculaire-ecclésiastique fraîchement entrée dans les ordres et désordre d'une rébellion de bon ton chez les post-adolescentes qu'attestaient quelques modestes scarifications. La provocante cantatrice aimait revêtir une longue robe en bure, fendue sur les côtés jusqu'à son porte-jarretelles couleur « cul de babouin en rut » comme elle la nommait elle-même. Elle arborait généralement une toque surmontée d'un voile qui naissait au sommet du front et se prolongeait en hauteur, maintenu par un tuteur central en carbone qui ressemblait à un mât. Quand l'interviewer lui demandait quel était le sens de cet accoutrement, elle répondit sobrement : « Tu veux 100 coups de mon fouet pour te remettre les idées en place, mécréant sans imagination ?! Oui, je suis une femme et je porte LA voile. C'est mon droit. Celui de voguer vers les flots et les flows de mon choix, ma Flo, mon fléau si beau, ma fée-gazelle si belle tu es à moi, baignée dans l'éternel hydromel. Je suis guidée par mon foi qui m'emmène irrésistiblement vers les contrées inexplorées des vulves volcaniques à la source desquelles je me rassasie, je me lave, après m'être saoulée des cyprines mielleuses, et je remercie ici Bartholin car j'aime vous foutre les glandes mes obscènes mécènes !

Elle proférait que ses fans devaient graver son nom à tout jamais dans leurs cœurs et le bas de leurs ventres, que par ailleurs, petit un, en tant que fausse none aimant le vrai arabica servit au bar, elle se considérait comme une religieuse au café. Petit deux, ses deux seins entièrement relookés style obus perforants constituaient le clou de sa personne et lui octroyaient le droit d'être considérée comme sanctifiable. À ce titre, nom de Dieu, puisqu'on disait « Saint Thomas ne croit que ce qu'il voit », elle serait l'unique première et dernière incarnation exclusive de la « Sainte Nitouche qui ne croit que ce qu'elle touche », ce qu'elle mettait déjà en pratique durant certains concerts « très privés ».

Elle expliquait ensuite pourquoi son premier groupe s'appelait Eksen. Il s'agissait en fait de l'anagramme de Skene. Son interlocuteur ne comprenant guère mieux, elle déballa la genèse de ce nom, symbole de son état d'esprit dans la vie. « Skene… les glandes de Skene !! Les glandes de Skene, mon grand, toi, mec, petit humain à petit gland, ce sont ces glandes chez la femme qui s'actionnent au moment de l'orgasme. Bon, chez les petites pisseuses, ça se voit même pas, mais chez les femmes « fontaines », c'est de l'éjaculation puissance dix, les petites queues peuvent se la garder sur l'oreille !! Et là, affriolant petit macaque de peu de vertu, une femme qui te balance le contenu de ses glandes de Skene sur le ventre, t'es SÛR qu'elle a joui, pas de simulation. Et en plus, cerise sur le gâteau, apprend ignare mâle par qui le bien arrive, parfois, que les glandes de Skene sont reliées au point G, l'est pas belle la vie avec Nitouche quand elle ouvre sa bouche ?! Capito aficionado ? Ah, mais t'es tout penaud, allez j'te rassure, toi aussi t'as des glandes de Skene, c'est ta prostate !! Hahaha !!

Bon, dis-moi journalisteux de mes deux glandes mammaires, la mienne, ma mère, était prostituée au long cours, mais ton père, il était boulanger hein ? Et te laissait jamais toucher aux ingrédients c'est ça ? Depuis tu fais une fixette sur la farine ? Haha ! Bon et si tu me parlais de musique pour changer ? Fais juste ton taf de critique, gagne ton blé, haha, en critiquant le boulot des autres... Quel beau métier tu fais, heureusement que t'es là, pas vrai ?! Ceci dit Eksen en turc ça veut dire Axe... je te laisse chercher le rapport, haha, entre un bon gros axe bien raide et les glandes de Skene espèce d'obsédé va, tous les mêmes !! Sauf ma chatte. Elle s'appelle Raminagrobis, je sais c'est un nom de gros mâle mais je crois qu'elle est hermaphrodite. En tout cas, elle ne pense qu'à une chose, à se lécher les poils, ça c'est pas être obsédé pas vrai, c'est rien que du naturel !

Stanislas restait sidéré par les propos cash de ce personnage hors du commun complètement déjanté et appréciait néanmoins que le magazine ait pu publier une telle interview, carrément « brute de décoffrage », et guère tendre pour la presse à laquelle... Nitouche, de son vrai nom Isabelle Duvivier, s'adressait malgré tout. Il y avait ensuite une analyse plus « classique » de cette musique qui l'était peu et des commentaires sur quelques textes, dont certains flirtaient avec la sobriété…Stanislas s'endormit après la lecture de « Libère-moi ».

Je suis enfouie, pas encore née,
Planquée derrière ma paroi de verre
Une sorte d'invertébré jusqu'à hier
J't'en prie booste-moi bébé
J'me sens tout étriquée dans mon bocal acidulé
J'ai besoin d'être réveillée, agitée
Oh j't'en prie, booste-moi bébé
Brise ma prison de verre casse mon aquarium de fer
Que l'eau jaillisse, enfin, qu'elle se libère
Allez baby, booste-moi jusqu'à la mer !!
Dégoupille-moi. Apprends-moi. Libère-moi !!
Libère-moi au trot triple galop ce s'ra ni trop tôt ni jamais trop
L'excès en tout s'ra mon défaut trop de tout, de toi de tout

*

À 18 h 09 Stan fut réveillé par des coups sur la fenêtre. Il en déduit qu'il était à Verdun et que le visage androgyne, partiellement recouvert par une grande mèche de cheveux asymétrique, chaussé d'une paire de lunettes rouges, épaisses et rectangulaires qu'il découvrait, était celui de M. Tidjeuns. Il se pressa de ranger son livre et descendit sur le quai en refermant son sac.

– Bonjour M. Vadim !

M. Tidjeuns était jovial et accueillant, quoique tout en sobriété. Une silhouette cylindrique telle un « H » majuscule, largeur d'épaules et de bassin identiques. Il passait de masculin à féminin aussi vite que ses traits réguliers captaient la lumière au gré de ses mimiques. Sa relative prestance se voyait accentuée par le port d'un costume gris sombre taillé sur mesure.

– Nous sommes ravis de vous compter parmi nous - annonça-t-il en replaçant sa longue mèche sur le côté de son front.

– Merci de m'accueillir.

– C'est un plaisir M. Vadim.

Ils arrivèrent sur le petit parking. À leur approche, les portes d'une ancienne limousine, gris sombre aussi, se déverrouillèrent automatiquement. Stan pour qui les voitures anciennes revêtaient l'allure de fantasmes à quatre-roues dénués de toute électronique fût intrigué.

Comment une vieille Jaguar MK2, magnifique au demeurant, pouvait-elle bénéficier d'une fonction aussi moderne ? Il n'osa pas poser la question, alors que l'auto s'ébranlait dans un grondement sourd et félin. Assis à l'arrière tel un invité de marque, Stanislas se contentait de savourer l'habitacle revêtu de cuir et de ronce de noyer et goûta la mélodie rauque du moteur qui s'exprimait pleinement à chaque sortie de virage. M. Tidjeuns conduisait virilement, soufflant régulièrement sur sa mèche pour conserver un bon champ de vision. Stan ne perdait pas une miette du décor qui s'offrait à lui, champs verdoyants, bois, vallons torturés. Des flashs guerriers et des détonations dont il ne savait plus si elles provenaient des échanges de tirs imaginés ou de la double sortie d'échappement de l'auto se surimprimaient malgré lui. Ils n'eurent pas le temps de l'envahir.

Au détour d'une succession de lacets, le conducteur-pilote tourna à droite pour emprunter un chemin de gravier fin au centre duquel sillonnait une ligne de verdure. Quelques centaines de mètres plus loin, un haut portail gris totalement opaque coulissa pour libérer le passage au moment précis où la voiture arrivait à sa hauteur. En se retournant, il la vit se refermer aussi vite qu'elle s'était ouverte. En se retournant de nouveau, il vit le fameux « Polyèdre ».

Stan se souvint aussitôt des explications de M. Charles sur le nom du lieu, car la bâtisse n'était ni plus ni moins qu'un cuboctaèdre géant, mesurant facilement cinquante mètres de côté, peut-être plus, posé sur un immense tapis carré, recouvert d'une mousse verte semi-sauvage. L'imposant bâtiment se trouvait au centre d'une vaste clairière. Tout autour, de grands arbres, cèdres en première ligne, puis chênes de presque vingt mètres, largement centenaires aux troncs larges et enfin forêt épaisse laissée sauvage le protégeaient.

Trois murs étaient blancs et des fenêtres, sans volets, carrées elles aussi, les aéraient de façon parfaitement aléatoire, « cassant » la rectitude de l'ensemble. Leur taille variait de la lucarne aussi étroite qu'une meurtrière de château fort à la baie vitrée derrière laquelle un basketteur professionnel se serait senti ridicule. Le dernier mur était tapissé d'une végétation dense dans laquelle se distrayaient sans retenue des orchidées volubiles et rougeoyantes. Aux triangles « raboteurs » situés en ligne basse répondaient en miroir d'eau des bassins eux aussi triangulaires. Stanislas y aperçut de probables carpes koïs. Les quatre triangles supérieurs, creusés, recevaient des cactus géants et oblongs, glabres ou hirsutes. Il pouvait compter les douze sommets maintenant ! L'édifice comportait trois niveaux. Une immense terrasse parcourait les quatre côtés du deuxième. Le dernier était entièrement vitré, mais réfléchissait la lumière et empêchait d'en voir l'intérieur. Était-ce là le casino auquel il songeait ? Il fallut en terminer le tour pour découvrir l'entrée. Une fois encore, la seule approche de la voiture en déclencha l'ouverture. La grande porte coulissa sur le côté, dans le plus grand silence.

—Tout est automatisé ici, Monsieur. Ou presque. Je possède un badge qui déclenche ouvertures et fermetures sans la moindre manipulation.

Il s'arrêta et se retourna vers lui en lui tendant une mince plaque en métal brossé du format d'une carte de visite.

—Voici le vôtre, il est activé. Je vous prie de bien vouloir le conserver sur vous, la quasi-totalité des pièces du polyèdre s'ouvriront quand vous vous présenterez face à leur porte.

—Merci. Bel objet.

—Je vous en prie, c'est un plaisir. Vous êtes en accord. Je vous fais visiter, Monsieur ?

—Ah oui je veux bien, c'est... monumental ici !... En accord ?

—En accord. Veuillez me suivre je vous prie.

Les deux hommes marchaient côte à côte, comme deux chevaux partageant le même box l'eurent fait en rejoignant leur pâturage préféré. Mais que voulait dire le gris équidé par « en accord » ?

C'est quoi son histoire d'accords là ? Il y'a un concert ce soir et je vais devoir chanter ? Ce sera sans moi en tout cas !!

—Le présent couloir parcourt la périphérie du rez-de-chaussée et ouvre à divers endroits les grands panneaux de verre sur le patio, formé d'une piscine naturelle. Tous les parquets, en teck, sont, à la façon des fenêtres murales, irrégulièrement parsemés de plaques de verre, décorées par l'eau, la flore et la faune aquatique qu'elles laissaient apparaître. Les contours de l'immense bassin s'enchaînaient, adoucies par des plantes lacustres qui en léchaient sporadiquement les bords. La précieuse coursive desservait, sur ses flancs extérieurs, une multitude de pièces dont les portes affleuraient, ne présentant ni charnière, ni poignée.

— Le couloir est semi-ouvert actuellement comme vous pouvez le constater, mais peut être rendu totalement hermétique en cas d'intempérics, jc vous rassure. Si les capteurs hygrométriques l'estiment nécessaire, des panneaux translucides descendent automatiquement des plafonds. Je vous rassure par ailleurs, ici, tout a été pensé pour que *Le Polyèdre* ne soit jamais atteint du syndrome « maison Deep Blue » et ne puisse jamais imposer un totalitarisme qu'il fonderait immanquablement sur les fondements de l'informatique, dont les célèbres bits.

Il sourit.

— Comme pour éviter l'effet *2001 l'Odyssée de l'espace* ?

— Exactement. Le *Polyèdre* est doté d'un système informatique complexe, multi-cortex et rhizomique. Il incorpore judicieusement un certain nombre de clés purement mécaniques qui garantissent l'inviolabilité du système par toutes velléités autocratiques. Et bien entendu, ces clés ne sont actionnables que manuellement. Mais je ne vous ennuierai pas avec des données techniques qui nous éloigneraient par trop du ressenti auquel vous aspirez très certainement.

Ils poursuivirent la visite, silencieux. Les murs

constituaient un patchwork de blancs de différentes textures : peintures mates, satinées, brillantes, papier japonais, ciment, marbre, béton ciré, bois, soie, faïence, liège, brique, laine, plastique, métal, plume... Stanislas laissait traîner sa main comme un enfant, essayant d'abord de reconnaître les matières sous ses doigts. Il les retira subitement quand il les sentit mouillés.

—Ce n'est que de l'eau Monsieur. Elle coule le long de certaines surfaces murales et les effets visuels générés évoluent selon l'heure de la journée, la lumière. J'y pense, en parlant d'eau, celle de la piscine est toujours parfaitement et naturellement propre grâce à un système de filtrage naturel basé sur plusieurs plantes dont je vous épargnerai les noms latins.

Le guide accompagna ses propos d'un geste sec de la tête pour replacer sa mèche sur le côté.

—Vous pouvez donc y nager quand vous le désirez. *C'est con, j'ai pas apporté de maillot de bain...*

Arrivés à l'opposé de la porte d'entrée, une grande porte coulissa, M. Tidjeuns indiqua le *salon principal.* Stan entrevit une vaste pièce recouverte de boiseries, fréquentée par des fauteuils et des canapés en cuir naturel ou en velours usé, il fit un pas pour entrer.

—Si Monsieur veut bien me suivre. Par l'escalier, juste ici, nous poursuivrons notre visite.

Son hôte s'exprimait avec une douce fermeté. Loin de le mettre mal à l'aise, elle avait tendance à le rassurer. Il fit un pas en arrière et emboîta le sien. Au premier étage, de nouveaux couloirs épousaient les quatre côtés de l'imposante bâtisse. Côté "extérieur", ils distribuaient plusieurs pièces, toutes fermées, chacune d'elles ouvrant vraisemblablement sur les terrasses qu'il avait remarquées en arrivant. Côté intérieur, d'immenses baies vitrées donnaient sur le patio avec vue sur la piscine juste en dessous. Tous les cinq mètres environ, un panneau de bois luxueux courant sur toute la hauteur de l'étage accueillait une œuvre d'art. Elles étaient éclairées comme dans un musée et comportaient chacune des indications sur le titre et l'artiste.

—Je vous attends au bout de ce couloir. Pour votre gouverne, sachez que ce ne sont que des originaux. Prenez votre temps.

Il s'était arrêté devant *Mano à Mano.* Ce tableau représentait deux mains communiquant dans des attitudes très sensuelles. Toutes deux posées sur des jambes à peine plus longues que leurs doigts, elles flottaient au-dessus d'immenses traits d'inspiration calligraphique, noirs, soulignés de zones d'encre vivement colorées. Un mélange de fuchsia et d'oranges. Si les gestes semblaient maîtrisés, les deux couleurs avaient fusionné selon leur humeur, donnant naissance ici et là à des zones aléatoires d'une grande richesse graphique et chromatique. En se rapprochant, on découvrait à certains endroits des arabesques fines et gracieuses. Sur le mur, en bas à droite, un texte écrit à la plume :

Des éclats d'astéroïdes picturaux médusiens flottent au milieu de nulle part. Des agglomérats calligraphiques aux élans

colorés dénués de sens fusionnent aléatoirement. Comme autant de micro-univers charbonneux aux filandreuses volutes encrées, ils accueillent d'improbables métonymies d'hu-mains, avec le même indicible plaisir que les interprétations totalement libres du spect-acteur. Pendant ce temps, sensuelles et spontanées, les hybrides digitaux profitent et abusent, se frôlent en apesanteur, murmurent du bout des doigts, se caressent phalange contre phalange et inventent leur langage des signes curvilignes.
Alceste ALBINOS

—Monsieur, je vais maintenant vous laisser rejoindre votre chambre. Elle se trouve à cet étage, il vous suffit de poursuivre le couloir suivant, puis ce sera la troisième porte sur votre droite. Il n'y a actuellement personne d'autre que vous et moi au Polyèdre. Pour le repas, vous aurez deux solutions. Dîner dans votre chambre, vous trouverez à cet effet un menu électronique sur lequel vous effectuerez votre choix, celui-ci vous sera alors automatiquement livré par le monte-charge prévu à cet effet. Vous pourrez préférer dîner dans le salon principal qui sera ouvert à partir de 19 h 30 et c'est alors moi qui gérerai le service. Pour information, la première porte à gauche de l'escalier est celle de l'ascenseur qui donne accès au garage, dans lequel tous les véhicules sont du reste à votre disposition. Les clés se trouvent sur les tableaux de bord et les papiers dans les boîtes à gants, ou au mur pour les engins à deux roues. Autre précision si vous le voulez bien, vous avez rendez-vous demain avec M. Mazière à 10 h 30, je serai présent devant la porte d'entrée à 10 h 15 pour vous y emmener. Je me permets de vous rappeler que vous avez un autre rendez-vous en soirée avec Mme Marinova, c'est la procédure habituelle. Je vous souhaite une excellente soirée et reste à votre disposition. Si vous avez besoin de quoi que ce soit, utilisez votre badge en prononçant intelligiblement « Major ». C'est mon nom de scène, en quelque sorte. Il sourit de nouveau.

— Eh bien, merci pour tout, je pense que… je mangerai dans ma chambre et… je vous souhaite moi aussi une excellente soirée.

— Bonsoir Monsieur.

— Bonsoir.

M. Tidjeuns le quitta aussitôt après avoir plaqué sa mèche avec application. Stanislas pensa alors à cette « soirée » avec sa directrice de thèse… Son absence totale de réflexion à ce moment précis lui permit de trouver cela normal et logique. Sa nature inquiète revint cependant au galop : allait-elle encore lui mijoter un jeu basé sur la langue française, ou d'autres moins académiques, se sentirait-il à l'aise s'il la trouvait toujours aussi séduisante, voire plus encore, rien n'était moins sûr. Il l'imaginait dans ce contexte encore moins « professionnel » qu'à la fac, avec tout ce que cela comportait de potentiellement plus « libre »…

Il décida d'essayer de ne pas y penser se présenta devant la fameuse porte-ascenseur. Il s'arrêta. Elle coulissa automatiquement. L'ascenseur était spacieux. Au-dessus du zéro, le niveau 1 était accessible. Pour le second, il fallait entrer un code. Il appuya sur 1. Après une descente ultra-rapide, il put accéder au garage. La totalité du sous-sol était « parsemée » de véhicules très récents ou de collection. Dans tous les cas, des modèles rares. Chers. Très. Ferrari, Jaguar, BMW, Alpine, Mercedes, Lamborghini, Chevrolet, Aston-Martin, Bentley, Porsche, Maserati... Pour les motos, seulement deux modèles semblaient disponibles, une ultra-sportive et une routière simple et dépouillée. Il eut une pensée pour Tournevix qui aurait sûrement aimé vivre, manger, bricoler, restaurer, dormir, probablement mourir ici, même si l'ambiance s'apparentait à celle d'une clinique aseptisée n'accueillant aucun patient. Stan se faisait un plaisir de penser au lendemain et se voyait bien rouler dans l'un de ces engins pour aller visiter Verdun l'après-midi. Il remonta au rez-de-chaussée, ouvrit par curiosité la chambre 2, et y découvrit une pièce ... vide. La sienne fût un choc émotionnel. Il eut en une fraction de seconde le sentiment paradoxalement familier d'arriver... chez lui. Elle devait mesurer une centaine de mètres carrés. Une grande baie vitrée s'étendait vers l'extérieur et donnait sur la terrasse et les cèdres. En plein centre trônait un large fauteuil orange vieilli. Le mur de gauche laissait ressortir la pierre brute, les deux autres étaient habillés de tissu jaune orangé différents, créant ainsi un camaïeu ensoleillé digne de Van Gogh.

Stanislas fit le « tour du propriétaire ». Dans le coin gauche, une mezzanine du même bois roux que le parquet supportait un grand lit. Dans un des coins, ouvert sur la pièce principale, une baignoire rectangulaire affleurait, elle permettait assurément à deux personnes de s'immerger sans la moindre difficulté et derrière, une flasque tenait horizontalement au mur comme par miracle, ovoïde, en ardoise grise. Puis une porte avec un petit pictogramme d'homme « design ». Il vérifia. Les toilettes. Plus loin, sur le mur de pierre, un tableau décalé sur la droite. Stanislas s'approcha. Il représentait… En fait il ne savait trop. De l'encre, semblait-il, lancée sur le papier terne, une large tâche oblique dont le mouvement général s'avérait, selon lui, très moderne et au centre, l'ombre d'un navire, noir. Il lut les indications portées dans l'explicatif adjacent :

Encre noire et lavis sur papier beige. Après 1875, Manuscripts. Victor Hugo

Victor Hugo. M. Charles. M. Charles lui avait parlé des dessins de Victor Hugo. Incroyable coïncidence, Stan frétillait sur place, se demandant comment il réussirait à expliquer cela au vieux Monsieur, comment il parviendrait, espérait-il, à transmettre ses émotions. Un « vrai » dessin de Victor Hugo, dans « sa » chambre. Un dessin qui l'interpellait par sa puissance et sa créativité. Stan ne connaissait pas bien l'histoire de la peinture, mais il comprit presque instinctivement que ce grand écrivain était aussi, sinon un peintre, un dessinateur de talent, certainement très novateur et iconoclaste pour l'époque. M. Charles avait bon goût.

Il longea les vitres immenses, ouvrit l'un des panneaux, s'abreuva des vieux arbres épanouis en découvrant la large terrasse dotée d'une table et d'une chaise de jardin. De retour à l'intérieur, dans un autre coin se tenait un bureau posé sur des tréteaux de métal brossé. Sur la large plaque de verre dépoli, un confortable écran d'ordinateur ultra mince, un clavier, une souris, un calepin, des stylos argentés et une pile de documentation sur Verdun. Sur le mur suivant, il remarqua fixé au plafond un probable écran amovible et en hauteur, de l'autre côté un petit œilleton positionné au centre. Vraisemblablement pour projeter des films. Stanislas poursuivit son exploration. En revenant vers la porte d'entrée, un bar. Derrière, un unique tabouret, une petite porte en hauteur, grâce à laquelle il réceptionnerait probablement son dîner. Entre le bar et la porte, un long placard incrusté dans le mur. Il y découvrit des chemises blanches, des costumes noirs et gris, des chaussures noires. Il regarda la pointure. C'était la sienne.

Il se rendit ensuite au centre. S'assit dans le fauteuil. Il pivotait à 360 degrés. C'est là qu'il aperçut les enceintes. Une à chaque coin, à mi-hauteur. Il prit conscience de l'existence d'un pupitre sur sa gauche, incrusté dans l'accoudoir. Il comprit qu'il permettait de choisir et déclencher, musique, cinéma… La navigation tactile était douce. Lorsque la musique de Wagner débuta, il ferma les yeux. Quelques trente minutes plus tard, la faim les lui fit rouvrir. Il rejoignit le bar et y trouva, posé à droite d'une corbeille de fruits, le fameux menu, sur une plaque métallique ultrafine, au format papier machine. Il arrêta son choix sur un des plats indiens, pressa la flèche attenante qui s'illumina. Pendant qu'il attendait, il remarqua enfin trois bouteilles côte à côte, un verre élancé et une boîte cubique en bois, elle aussi, sur le bord du bar. Un cuboctaèdre miniature. Avec un petit mot :

Profitez.

Il y avait trois tiroirs. Il ouvrit le premier. Présenté sur un petit coussin de velours pourpre comme un bijou, un bonbon enveloppé dans un papier mordoré. Dans le second, réfrigéré, un… cube de chocolat noir. Le troisième exhibait deux mini-nougats, un blanc et un noir en forme de ying et de yang imbriqués, sans aller jusqu'au contact. Il laissa ouvert le tiroir central, referma les deux autres. Derrière le chocolat, un autre mot :

Nous vous conseillons un verre de Vin jaune du Jura. Arômes extrêmement puissants. Il conviendra parfaitement à ce chocolat plein et corsé.

Il déboucha la bouteille conseillée et se servit un demi-verre. Sa couleur se mariait à merveille avec celle des murs environnants. Il prit ensuite le chocolat entre le pouce et le majeur. Stanislas fit tourner le concentré de cacao sur lui-même. Il l'étudiait. Il l'engouffra. Le croqua, garda la bouche fermée, ne bougea plus. Ferma les yeux. Les saveurs se propageaient sous son palais comme la fougue musicale de Wagner. La force du cacao. Une petite pointe de... piment, associée à un zeste de coriandre. Il mâcha de nouveau, lentement. Fit tourner la pâte sous sa langue, sur sa langue, le long de ses joues, sur la face intérieure de ses dents, s'en tapissa la bouche, l'amenuisant petit à petit. Quand il n'eut plus en bouche que le goût du chocolat, il rouvrit les yeux, saisit le verre et en but une gorgée. L'arôme était assez puissant pour ne pas être écrasé par celui du chocolat. Ni trop sec, ni acide, ni tannique. Il savourait. Le jeune homme aurait quasiment pu se contenter de cette succulente expérience quand une discrète alerte sonore l'extirpa de sa torpeur gustative. La diode verte qui clignotait au-dessus de la porte du mini-ascenseur indiquait l'arrivée de son repas. Il retira le plateau et se rendit aussitôt sur la terrasse. Il retourna éteindre la musique pour s'adonner à une dégustation qu'il voulait aussi « nature » que possible. Assis face aux arbres, il ne percevait que quelques sifflements d'oiseaux qu'il n'aurait su identifier et goûtait autant le calme de l'instant que le naan au fromage. Il apprécia ensuite un "Fish Tikka", des filets de poisson marinés aux épices et grillés au Tandoor, accompagnés de riz Basmati cuit à l'étuvée, safrané, agrémenté de raisins et de noix de cajou, du "Kashmiri Pilaf".

Il s'était régalé et n'avait plus très faim. Il quitta les mésanges pour prendre une grappe de raisin noir. Ensuite, il fut partagé entre sa curiosité qui lui soufflait de poursuivre la visite du Cube, et sa méfiance qui lui rappelait de rester tranquillement sur place à regarder une vidéo sur grand écran… « Profitez » …

—Je profite !

*

Il quitta sa chambre et visita tout le rez-de-chaussée, adoptant un comportement situé entre la furtivité d'un agent secret et la déambulation d'un touriste innocent. Toutes les autres pièces étaient comme la première, vides. L'une d'elle, la 5, ne voulut pas s'ouvrir.

Il regarda avec envie la piscine centrale et regretta à nouveau d'avoir oublié son maillot de bain puisqu'il n'y avait personne.

Cela dit j'suis pas sûr même avec un maillot de m'être jeté à l'eau, si ça se trouve y'a des caméras partout et demain tout le campus se foutrait de ma gueule...

Stan décida de visiter le dernier étage et fut arrêté dans son élan par l'ascenseur qui lui en refusa l'accès. Ce cuboctaèdre, s'il s'avérait plein de surprises le ravissant, comportait aussi des mystères qui attisaient autant sa curiosité que son inquiétude.

La nuit approchant, il oscillait de plus en plus entre ces deux penchants, le plus naturel vers la méfiance, le petit nouveau vers l'ouverture et le « profitez » ... Il décida sagement, finalement, de rejoindre sa chambre pour se coucher, préférant penser à sa journée de demain, Verdun, M. Mazière, Verdun, M. Charles. Verdun.

—

Elle écrivait ses chansons comme elle jouait, sans réfléchir, les mots s'enchaînaient en mode « automatique », avec fluidité, évidence, les rimes aussi. Alors elle se relisait, puis reprenait son instrument et tout se synchronisait sans effort, la musique de la guitare ou de la harpe, la musique des mots.

"Sous la pluie"
je veux ma dose de poésie, danser les roses sous la pluie
les larmes des cosmogonies,
dans ton âme en flammes fleuries
je veux ma dose de poésie, en prose dans tes yeux paradis, dis-moi sans le moindre interdit,
tous tes mots tous tes non-dits
je veux ma dose de poésie, qu'elle arrose nos jours nos nuits, nos rêves d'ailes aujourd'hui, pendant que les maux s'enfuient
je veux ma dose de poésie, qui torsadent les choses de la vie , explosent nos cœurs, nos envies,
sur nos lèvres quand il fait gris, je veux ma dose de poésie, plonger dans ton cœur incendie
d'insomnies en tsunamis, finir ma vie dans l'infini dans l'infini

—

Il se réveilla sans se souvenir de ses rêves. C'était bien la première fois et il apprécia cette étonnante sérénité. Il rejoignit M. Tidjeuns comme convenu à 10 h 10. Il avait fixé sa mèche loin sur le côté au-dessus de l'oreille, avec une sorte d'épingle à cheveux.

Le mieux serait qu'il la raccourcisse, c'est trop chelou sa coupe.

Et changé de lunettes au profit d'une paire très discrète, ronde sans cerclage avec des branches en métal très fin. Le trajet fut rapide et particulièrement agréable puisqu'il trônait une fois de plus à l'arrière de la vieille jaguar. Le "Major" le déposa devant une maison en tous points conformes aux autres vieilles bâtisses qui formaient à grand peine un petit hameau perdu dans la campagne.

Stan frappa à la porte. Elle était décrépie. Comme son propriétaire ? Pas de réponse. Il hésita à recommencer et en profita pour admirer la créativité de la peinture écaillée, il y percevait une œuvre d'art, là où la plupart des visiteurs n'auraient vu que des boursouflures aux couleurs maladives. Il se décida finalement et se fit violence en insistant timidement. Rien. Il posa alors son oreille contre le bois... crut percevoir des bruits de vaisselle et des voix enfantines. Il cogna encore trois fois, plus énergiquement.

—J'aaaaarrive.

La voix était sourde et chevrotante. M. Mazière offrait un visage plissé comme un vieux croupion de poule vergéturé et une silhouette de marabout, ce disgracieux échassier avec son nez proéminent. Le regard noir était surplombé d'une épaisse couche de sourcils qui lui servait de casquette oculaire. Il ouvrit grande la porte et sans un mot traîna les pieds jusqu'à sa chaise en osier. S'y laissa choir. Un épais coussin le réceptionna à contrecœur dans un soupir plaintif et puissant comme les vents s'échappant de l'outre d'Éole pendant le sommeil d'Ulysse. La télé expectorait un dessin animé pour enfants, à grands renforts de dialogues médiocres et lobotomisant. Des adultes, comédiens de surcroît, se rendaient coupables de mue vocale régressive, en effectuant de vains efforts pour imiter des voix d'enfants. L'ancestral et noir volatile pointait son long appendice nasal en direction de l'écran bombé dans lequel il avait planté son regard. Stan voyait dans ses yeux se refléter des personnages uniformisés aux mouvements saccadés et aux mimiques proches de celles d'un ver de terre chloroformé !

Le jeune garçon se tenait encore sur le pas de la porte. Il la referma discrètement derrière lui et n'osait ni bouger ni parler. Il observa alors autour de lui les murs, grèges, la cheminée en briques ocre sur laquelle était posée une carte postale de la tour Eiffel et deux médailles suspendues dans un cadre en plastique gris. Il reconnut la croix de guerre. M. Charles lui avait présenté la sienne lors d'une de leurs parties de devinettes. Stanislas avait alors appris que dix-huit palmes plus une étoile signifiaient qu'il avait été un combattant dont le courage forçait le respect. Le vieux pensionnaire du couloir des pâquerettes relativisa tout de suite en lui expliquant que la croix de guerre la plus chargée appartenait à René Fonck, et comportait vingt-huit palmes et une étoile. Le maximum connu, décerné à l'as des as de l'aviation française.

Après lui avoir finalement demandé de s'installer sur une vieille chaise en bois, le vieux corvidé lui expliqua qu'il savait pourquoi il était là et lui énuméra sans la moindre interruption une série d'anecdotes. L'étudiant prit quelques notes au début, mais délaissa progressivement son stylo : il avait déjà entendu, lu tout cela, une succession de banalités qui, de fil en aiguille, semblaient n'avoir rien de personnel. Puis son hôte se leva maladroitement et l'invita à prendre congé sans lui laisser l'opportunité de lui poser ne serait-ce qu'une question.

Tandis que la voiture de Monsieur Tidjeuns, dans un silence sourd, le transportait de nouveau, il ne pouvait s'empêcher, envahi par une désolante impression de vide, de repenser à cet étrange narrateur. Il se demanda comment il allait bien pouvoir remercier sa prof alors qu'il estimait avoir perdu son temps.

Hé, mais le major il est passé chez le coiffeur et a raccourci sa mèche. C'est con mais ça me fait du bien, c'est comme si c'étaient mes cheveux qui me gênent plus !

—Voilà Monsieur, nous sommes arrivés aux abords du domaine. Comme demandé par Madame Marinova, dans le temps qui vous sépare de l'apéritif auquel, je me permets de vous le rappeler, vous êtes conviés à 19 h30, vous êtes invité à visiter Verdun et ses alentours. À cette fin, vous pourrez librement utiliser le véhicule de votre choix parmi ceux que vous trouverez dans le garage situé face à vous. Des équipements adéquats vous sont disponibles pour l'usage de certains d'entre eux, comme vous le constaterez. Je vous souhaite une excellente route Monsieur.

Eh oui je sais, j'ai déjà tout vu, y compris les motos !

Stanislas sortit de la voiture en le remerciant et ouvrit la porte de cet imposant garage. Il revit avec gourmandise la Mercedes 300 SL couleur argent dont les portes papillon s'ouvraient comme des élytres... Il s'en rappelait car il avait lu un article sur cette voiture mythique dans un journal pendant qu'il patientait dans la salle d'attente de son médecin pour obtenir un certificat médical lui permettant de pratiquer le parachutisme. Il ne se souvenait pas précisément du prix, mais était certain qu'il contenait six zéros. Il ne put s'empêcher de se demander comment une prof pouvait être en lien avec des gens qui en possédaient une, sans parler de ses voisines, Ferrari, Aston-Martin et autres voitures de luxe, anciennes ou récentes. Seule une voiturette sans permis l'intrigua furtivement puisque son regard se posa définitivement sur les deux motos qui stationnaient à côté. Une « hyper sportive » carénée et outrageusement maquillée de couleurs criardes ressemblait à un missile publicitaire à deux roues. Stan avait beau posséder son permis moto toutes cylindrées, il ne se sentait pas de chevaucher un engin capable de le propulser dans les décors à la moindre erreur, quand bien même adorait il la vitesse. Son amour de l'esprit de liberté que symbolisait la moto lui fit donc choisir le roadster qui lui faisait de l'œil. Tout ce qu'il aimait. Dépouillé à l'extrême. Un gros moteur bicylindre, un cadre « treillis », deux larges roues, une selle peu épaisse et une allure de bête fauve prête à avaler du bitume en privilégiant les sensations pures plutôt que les résultats du chronomètre, tout comme la sobriété puissante plutôt que le m'as-tu-vu ostentatoire.

Stan avait, au cas où, revêtu une tenue de pluie qu'il qualifia lui-même de « grenouillère » après avoir fait quelques pas. Pantalon large au matériau malheureusement assez rigide, puis avait enfilé un gros blouson de cuir recouvert d'une surveste imperméable. Il agrémenta cette tenue d'un casque et de grosses bottes, il ressemblait, tout de noir vêtu, à un cosmonaute en deuil... Cette triste connotation était bien involontaire, mais collait finalement plutôt bien à l'esprit qui présidait à son périple... La route lui parut longue. Peut-être parce qu'une petite pluie fine la parsemait. Sa moto n'offrait aucune protection face aux intempéries, comme tout roadster qui se respecte.

Après plusieurs kilomètres au cours desquels, dans une indigeste addition, s'accumulaient fatigue, humidité et cruel mal de fesses, Stan approcha de son but. Le panneau Verdun lui emplit les yeux de larmes... Il fut obligé de s'arrêter sur le bord de la route. La pluie martelait son casque, le moteur continuait de ronronner avec une régularité aléatoire, dégageant une fumée blanche et ascendante... Stan laissa son buste se replier sur lui-même, jusqu'à se poser sur le réservoir, lourdement. La tête suivit une courbe similaire et stoppa lorsque la visière heurta les compteurs situés au centre du guidon. Pour la première fois de son existence, le jeune homme laissait ses émotions s'exprimer. Personne n'était là pour le voir, encore moins se moquer ou le juger. Un fort sentiment l'envahissait. Surtout, il découvrait une incroyable sensation de « retour »... Il n'avait jamais vu Verdun de sa vie, mais là, tout de suite, il aurait juré y avoir déjà foulé les champs... les armes à la main, lors de cette fameuse « grande guerre ». Tout était embrouillé dans son esprit, cependant des lignes fortes se dessinaient. Se croisaient, prenaient sens. Et si tout cela n'était pas le fruit du hasard, encore moins celui de ses propres choix.

M. Charles... Ce vieux monsieur qu'il affectionnait, un des rares humains qui l'inspirait... Les histoires qu'il contait avec tant de conviction, de réalisme, de passion, de vérité, si souvent rattachées à 14-18... ses anecdotes qui le bouleversaient systématiquement plus que tout autre... et si ?

Si Stan avait vécu une précédente vie en tant que poilu... aux côtés de M. Charles... ? Ou bien n'était-ce que sa propre histoire et le personnage du centenaire qui avaient fait naître une empathie telle qu'elle donnait vie, crédibilité et réalité à un simple sentiment de connivence et de compassion... Le temps de laisser ses turpitudes errer dans les voies labyrinthiques de sa matière grise et fumante, puis de se perdre dans leur propre complexité, les larmes de Stan avaient séché. Il se redressa progressivement, referma machinalement sa visière, enclencha la première et reprit la route.

*

Verdun… Centre mondial de la paix, Mémorial, Regret, Cimetière National, fort de Vaux, Tranchées des baïonnettes, Ossuaire de Douaumont… Voie sacrée… Les noms s'enchaînaient à mesure que Stan tournait dans, autour de Verdun sans jamais s'arrêter. Son voyage jusque-là insipide et fatigant prenait vie. À travers la visière du casque, il voyait en surimpression la route, les champs, le visage de M. Charles… il roulait, lisait, entrevoyait, imaginait, ressentait. Chapelle commémorative, Monument Maginot, dragée. Dragée ? il se demandait comment l'humour pouvait mener un responsable municipal à intituler un lieu en rapport avec les évènements de la première guerre mondiale « dragée » … Stan n'apprit que plus tard qu'en 1220, un apothicaire de la ville fût le premier à recouvrir des amandes d'une fine couche de sucre et de miel. À l'époque, on croyait alors que ces « dragées » empêchaient la stérilité, ce qui expliquait encore son usage actuel dans les mariages !

Le jeune motard finit par stopper son engin devant un

petit bistrot, à l'écart du centre-ville. Il sortit de son sac à dos le document intitulé « itinéraires et découvertes » que M. Tidjeuns lui avait confié, parcourut principalement les deux pages consacrées aux champs de bataille, s'arrêta sans savoir pourquoi sur les lignes concernant le Fort de Vaux : « Symbole de l'héroïsme français, épopée du commandant Raynal et de son dernier message porté par un pigeon : "Nous tenons toujours mais nous subissons une attaque par les gaz et les fumées dangereuses". « Visite intérieure commentée, instructive, comprenant notamment la casemate de Bourges, canons de 75... ». Stan vérifia les horaires. Il ne termina pas son eau gazeuse et se rendit, encore sous la pluie, au fort de Vaux. Il s'étonnait lui-même de sa « volonté ». En temps normal, il se serait trouvé mille excuses pour ne pas bouger mais il pensait aussitôt à M. Charles, à ce qu'il pourrait lui raconter à son retour, à sa fierté d'y être allé, d'avoir « fait ça » pour lui. Un amas de cailloux irrégulier de moins de dix mètres de haut, tout en longueur, recouvert d'herbe courte, surplombé de fils barbelés, d'un drapeau français et perforé en quelques points de faibles ouvertures grillagées. Il ne s'attendait pas à ça. Il était resté, dans sa méconnaissance de la réalité d'un édifice construit il y a environ un siècle, à l'aspect classique d'un fort quasi médiéval. Lorsqu'il vit le car sur le parking, il hésita à se garer. Il n'y avait pas de vacances actuellement et il pensait pouvoir profiter en solitaire de ces lieux touristiques... Maintenant qu'il était là, après tout...

Dans l'entrée, on lui remit un petit texte explicatif, puis il entra dans le grand boyau de pierres. Entre ces murs bruts la sensation de froid était supérieure à celle de l'extérieur et l'eau qui suintait du plafond ne changeait guère des gouttes de pluie. Stan grelottait presque et en s'introduisant dans les différentes pièces du fort, il imaginait d'autant mieux ce que les soldats qui avaient vécus ici purent endurer. Il se disait combien il était chanceux de pouvoir sortir de ce lieu quand il le souhaiterait pour rejoindre le polyèdre où régnait une agréable chaleur ! Les poilus de l'époque ne pouvaient pas en dire autant... Ce n'était rien pourtant, rien, à côté de ce qu'ils subirent en 1916 lorsque les Allemands arrivèrent dans la région. En avançant plus avant dans le couloir, Stan, à son grand dam, finit par rejoindre le groupe de retraités qui écoutaient silencieusement la conférencière raconter comment les Allemands envahirent ce lieu, à grand renfort de gaz et de lance-flammes. Stan, resté un peu en arrière, visualisait les scènes. Les corps qui brûlaient, les hommes qui criaient, agonisant sous leurs brûlures. Stan repensait à tout ce qu'il exécrait, cette capacité des hommes à faire souffrir d'autres hommes. Au Moyen-Âge, on écorchait ou brûlait vif. On avait torturé à toutes les époques et partout sur la planète... La momification d'individus encore vivants, l'écartèlement, les langues coupées, les yeux crevés... Et on torturait encore aujourd'hui sous les régimes dictatoriaux. Il sortit, les larmes aux yeux, contourna la façade d'entrée. Marcha. Tout autour du fort, des reliefs de verdure rase, concaves, convexes. Autant de cavités et monticules ressemblant à un emmental recouvert de velours vert qui témoignait de l'incroyable quantité de bombes ayant martyrisé, défiguré la géographie des lieux. Loin d'atténuer sa tristesse, cette vision la nourrit plus encore. Ce paysage était à la fois bouleversant de violence mais aussi de sérénité retrouvée... À quel prix ?

Stan rejoignit machinalement sa moto, s'assit à côté sur une pierre trempée. La pluie avait cessé. Il parcourut les quelques documents pris à l'accueil du fort. Les chiffres. Bataille de Verdun, de février à décembre 1916, 720 000 morts. 380 000 Français, 340 000 Alemands. La grande guerre, 10 millions de morts, 2 millions d'Allemands, 1,8 million de Russes, 1,3 de Français, 1,1 pour l'Autriche-Hongrie. Les plus importantes pertes avaient eu lieu en 1914... En cause très certainement les pantalons rouges bien visibles et les gaz, nouvelle arme dévastatrice. Le pire ? Les généraux qui prévoyaient mathématiquement les pertes à venir pour les futures « percées » dans la guerre des tranchées... Les tranchées. Stan marchait maintenant lentement autour du fort, montant, descendant les monticules arrondis recouvert d'une douce toison de velours herbeux. Mais il les sentait, plus profondément. Il les sentait sculptés à grands coups de burins déchaînés et aveugles. La terre avait été balafrée, torturée, saignée. Les bombes, les tranchées. Autant de balafres dans le paysage que de stigmates sur les visages de ceux qui ne mouraient pas sur place et finissaient leur vie avec le bien peu enviable statut de « gueule cassée » ... Les tranchées. On aurait pu comparer ce vaste champ de bataille de l'Est de la France à un corps humain. Avec son système sanguin, ses veines, ses artères, son oxygène, son gaz carbonique. Des tranchées pour y faire circuler les « globules blancs », les soldats. D'autres, pour permettre de rejeter les déchets néfastes au bon fonctionnement de l'organisme : les soldats, morts.

Et cet être vivant était avide de chair humaine. Toujours en appétit, jamais rassasié. Boulimique. La terre en serait devenue obèse si elle n'avait su, au-delà des cicatrices qu'elle n'a pu résorber, aujourd'hui visibles en surface, digérer toute cette chair pour s'en nourrir. La nature n'a que faire de l'origine de ses nutriments. Les mots de M. Charles lui revinrent alors qu'il évoquait son appartenance aux corps francs, il avait cité Paul Valéry : « La guerre c'est le massacre des gens qui ne se connaissent pas au profit de gens qui se connaissent et ne se massacrent pas ».

En se retournant vers la crête du fort, Stan vit solidement posé au ras d'un mamelon de pierre circulaire d'environ trois mètres de diamètre, un gros téton de métal. Il était percé de deux fentes horizontales desquelles, à l'époque, surgissaient des mitrailleuses. L'aspect mammaire que Stan y discerna disparut rapidement au profit de sa fonction initiale, guerrière. Du reste, à y bien regarder, cela ressemblait au sommet d'un casque de chevalier. Il posa la main sur le sien et la sonnerie de son téléphone retentit. 18 h 30. Il était temps de rentrer s'il voulait être à l'heure et Stan exigeait toujours de lui d'être ponctuel !

—

Il suffisait de peu pour qu'elle ne replonge dans les méandres les plus sombres. Écrire. Encore.

"Avant le vent calme"
Ils sont à la porte, des volutes des ombres
Ils sentent encore l'odeur âcre des bombes
Qui se glissent, répandent les temps sombres
Sur le peu qui reste de l'Ancien Monde
Fantômes, ils errent dans leurs œuvres délétères
Retrouver leur cœur, leurs âmes, leur chair
Implorer le pardon de leurs frères
Avant le vent calme

L'herbe caresse mes phalanges
Dans ma tête, tout se mélange
J'attends que les vers me mangent
J'attends quoi peut-être un ange ?
Alors je veux bien rendre l'âme
Avant le vent calme, avant le vent calme

Ils se tiennent là, au milieu de nulle part
Vomissant tripes, caviar et code-barres
Et pendant que brûlent les derniers dollars
Ils voient, défaits, s'éloigner le purgatoire
L'or, les diamants, tout ce qui était rare et cher
Les actionnaires, le luxe, Les banquiers éphémères
Sont rejoints pour toujours, sous la même terre

L'herbe caresse mes phalanges
Dans ma tête, tout se mélange
J'attends que les vers me mangent
J'attends quoi peut-être un ange ?
Alors je veux bien rendre l'âme
Avant le vent calme, avant le vent calme
Un vent léger soupire, tourne la page
Un vent léger respire, un nuage
Une goutte de pluie tombe
Avant le vent calme

Énora se dégagea de l'emprise de sa mère de cœur, comme elle aimait l'appeler, dont les bras serpentaient autour d'elle pour la retenir comme un boa constricteur. Elle affichait une de ses petites moues dont elle avait le secret, sa lèvre supérieure devançant avec parcimonie sa lèvre inférieure, lui procurant un air sensiblement mutin !

—Bon allez j'te laisse Mam Goz chérie qui veut pas me laisser partir travailler ! Et elle éclata de rire ! Je te promets que je m'occupe de ton fauteuil, c'est vrai que les roues couinent, on dirait un petit cochon breton qui appelle sa mère ! Salut ma sœur, à ce soir - lança-t-elle en courant vers la porte.

—Arrête de m'appeler comme ça ma fille adorée !! Je suis ta mère mais pas encore vieille ! Gast ! La porte claqua sèchement.

—Mais qu'est-ce que je vous aime toutes les deux ! Viens ma Lilwenn adorée, viens me faire un câlin du haut de tes treize ans avant de te préparer à me quitter toi aussi, vilaine fille va !

Elles rirent toutes les deux pendant que la cadette entourait sa mère de ses bras et la chatouillait en lui embrassant le cou.

*

À la Belle Époque, la dynamique infirmière promenait allègrement M. Charles dans son fauteuil dont les roues ne couinaient pas. Ils papotaient de tout et de rien, prenant plaisir à déambuler dans ce parc toujours aussi inspirant. Le vieux monsieur, comme à l'accoutumée, n'avais pas manqué de remarquer et louer la nouvelle coiffure d'Énora qui avait lissé ses cheveux. Elle serait arrivée avec une chevelure arc-en-ciel ou simplement rasée, avec une crête iroquoise ou avec des couettes, son avis serait resté similaire : il la trouvait toujours terriblement belle quelle que soit sa coiffure !

Il s'était aussi étonné de la voir porter de grandes

lunettes rondes et dorées comme ses « créoles » qui pendaient souvent à ses oreilles. Énora lui expliqua qu'il s'agissait pour elle d'une sorte de coquetterie, qu'elle les portait juste pour le « look », que les verres n'étaient pas correcteurs et qu'elle avait finalement une très bonne vue.

—Quelle drôle d'idée - lui répondit-il - Demain tu viendras avec une canne alors que ton appareil locomoteur est en parfait état, juste pour le... look ?

—Ah bin non quand même pas !

—Je te taquine, je trouve que ça te va bien, comme tout ce que tu portes ma belle enfant. Et si l'idée de la canne ne te séduit pas, j'ai mieux : le fauteuil roulant, je pourrai te prêter le mien !!

Ils rirent tous les deux.

À peine plus tard, quand le vieux breton vit M. Corvi tranquillement assis somnolant sur son banc le long d'un petit virage en épingle, il invita sa promeneuse favorite à s'arrêter à sa hauteur. M. Corvi semblait statufié, son profil replié sur lui-même, immobile.

—Dis-moi Énora, est-ce que comme moi tu ne le trouverais pas parfait en gargouille au sommet d'une cathédrale ?

Elle se contenta d'essayer de se retenir de rire, ne voulant pas réveiller la « sculpture » dormante. Ce qui fit pouffer M. Charles. Ils regardaient maintenant tous les deux, en souriant, attentivement, sans rien dire le vieux recroquevillé. Son nez en forme de bec-de-corbeau et son menton en position d'éclaireur sur le reste du visage donnaient naissance à un profil accidenté, acéré. Ses yeux étaient mi-clos et son demi-regard semblait compter un à un chaque petit caillou qui composait les dix centimètres carrés situés devant ses chaussons usés.

— Mais, il est réveillé, il dort, un peu des deux ? chuchota Énora.

— Diantre, il dort profondément, regarde le rythme auquel se soulève sa poitrine.

Cette façon de ne pas totalement fermer les yeux pendant le sommeil, Énora avait bien une hypothèse. Elle ne connaissait pas le dossier de M. Corvi, originaire de Bastia, qui ne faisait pas partie des « ses » patients, mais peut-être avait-il connu les mêmes débuts de vie qu'elle. Elle ne saurait se rappeler avec précision à quel âge on lui en avait parlé. Elle était jeune, très jeune probablement quand on lui a expliqué pour ses paupières. Elle savait déjà qu'elle avait été adoptée à environ un an. Qu'elle était la dixième et dernière enfant de la famille qui vivait dans une très grande pauvreté et que sa mère avait décidé pour la sauver de la malnutrition et des maladies, voire d'un destin peu enviable dans le domaine du « tourisme sexuel », de la confier à l'une de ses tantes vers l'âge de huit mois. Pas de chance, la même situation se reproduisit quatre mois plus tard et c'est son oncle qui l'amena finalement à l'orphelinat où elle devint officiellement « adoptable ». Elle sut alors qu'elle dormait avec les paupières à moitié closes et que c'était très certainement dû à son angoisse inconsciente d'être de nouveau séparée de sa famille. Elle était toujours, en quelque sorte, aux aguets.

Énora apprit aussi que sa famille biologique avait gardé sa sœur aînée, abandonné le frère suivant, conservé le troisième enfant et avait finalement abandonné tout le reste de la fratrie... Elle avait donc neuf frères et sœurs au total.

Sa famille «de cœur » l'avait alors accueillie avec sa petite sœur Lilwenn. Quelques années plus tard, elle entama une procédure d'adoption plénière. Ce fut malheureusement le moment que choisit sa génitrice et son compagnon d'alors pour soudainement exiger de la récupérer, sa sœur et elle. La procédure d'adoption s'interrompit et Énora et Lilwenn durent déménager de nouveau. Elles quittèrent leurs parents « presque » adoptifs et rejoignirent ceux qu'Énora appela désormais « les autres ». Chez *les autres,* l'injustice régnait. Certains de ses « frères et sœurs » bénéficiaient de traitement de faveur, mangeaient à leur faim, possédaient des objets personnels. Énora et sa petite sœur endossèrent malgré elles les vêtements de Cendrillon et Cosette réunis. Nouvelle vie. Pas le choix. Nouvelles règles, préceptes religieux contraignants. Dévalorisation. Humiliations. Rien ne leur était épargné. Finis les Noëls festifs, terminées les attentions. Pas d'adolescence. Passage direct à la case « mini-adulte » et travail au foyer : ménage complet, courses, préparation des repas, nettoyage du linge à la main, un esclavage à peine déguisé. Il y avait aussi les brimades, les punitions corporelles injustifiées. Le pire fut probablement lorsqu'elle frôla l'électrocution. Sa mère qui l'avait récupérée à sa sortie d'hôpital lui avait ri au nez, les médecins lui ayant expliqué qu'elle avait subi une électrisation. Elle aurait en effet pu mourir lorsque, à l'âge d'un an, elle avait saisi avec le pouce et l'index la prise murale qui était à moitié arrachée. Sa chambre était la plus petite, la plus vétuste, la plus insalubre et ce qui devait arriver était donc arrivé. Elle se souvenait très bien de cet instant où le reste de la « famille » se moquait d'elle parce qu'elle pleurait fort et qu'elle dégageait une forte odeur de cochon grillé. Ils ne s'étaient d'ailleurs pas gênés pour la traiter de « truie qui pue ». Résultats : des cicatrices bizarres, très dures mais peu visibles au niveau de la jointure de la peau avec les ongles de ses deux doigts « électrisés », et des souvenirs « étranges » qui lui revenaient parfois, comme si cette énergie folle qui avait traversé son corps continuait de circuler en excédent. Elle avait été catégorisée comme « enfant hyperactive » !

Énora cultiva son ressentiment. Sa haine. Elle vivait officiellement, juridiquement, dans une famille de « sang », mais dans son esprit, on l'avait obligé à revenir dans une famille de « sans ». Famille sans cœur. Elle se rappelait son dix-septième anniversaire qui fut un mauvais jour comme les autres. Elle regarda sa génitrice avec dégoût. Elle la scannait des pieds à la tête et lui revenait en mémoire les « p'tite conne », « bonne à rien de rien », « dégage merdeuse », les vexations, les ordres, les sanctions, les corrections corporelles, les privations et se demandait comment elle avait pu sortir de « ce » corps, après y avoir vécu neuf mois, nourrit par elle à « sans pour sans ». Comment était-il possible qu'elle ait en elle la moitié de ses gènes ? Énora était alors partie vomir le peu qu'elle avait mangé et décida d'aller prendre rendez-vous avec une assistante sociale dès le lendemain. Une de ses profs avait évoqué en cours les principes de l'émancipation et elle savait depuis, au plus profond d'elle, que là était son destin et celui de sa sœur.

Aidée par Madame Kervella, l'assistante sociale, elle put ainsi rompre avec son histoire purement chromosomique à l'âge de 17 ans, entraînant fort heureusement avec elle Lilwenn malgré son plus jeune âge. Troisième vie auprès d'une famille accueillante et débordant d'amour. Bonne pioche de retour ! Son père adoptif, qu'elle adorait et qui fut avec elle d'une gentillesse et d'une patience extrêmes, était maintenant mort entre temps. Elle pensait souvent à lui, en arborant toujours le même sourire simple et sincère qui naissent des bons souvenirs, nombreux. Sa mère, elle l'adorait aussi, pour les mêmes raisons d'ailleurs ! Elle avait survécu à l'accident qui avait coûté la vie à son mari, mais se retrouvait aujourd'hui hémiplégique, contrainte de se déplacer en fauteuil.

Survint alors la furieuse envie de s'en sortir par elle-même, elle s'en sentait pleinement capable. Et surtout, dès lors, elle était mue par une incroyable volonté de tout voir de façon positive. Une vraie chance se présentait enfin, il fallait la saisir et cesser les jérémiades, aller de l'avant et aimer la vie !!

Énora avait donc sciemment renoncé à rester une éternelle victime et avait décidé de tout faire pour obtenir ce qu'elle mériterait en tant qu'adulte. Elle possédait, lui semblait-il, désormais, une vision plus aiguë et plus juste de la manière dont le monde pouvait tourner, ce qui lui évitait par ailleurs de ne jamais pleurer sur son sort.

Le jour de leur départ, elle avait dit calmement mais de manière intraitable aux "autres" qui n'avaient pas compris. Depuis, elle avait appris à vivre avec cette identité « originale », des parents « géniteurs », un « mâle » totalement inconnu et une « femelle » qu'elle préférait oublier et des parents « adoptifs » qui l'aimaient inconditionnellement. Aujourd'hui, elle n'entrait en colère que lorsqu'elle était confrontée à des individus dont elle disait alors… « Ah ! Vous êtes comme eux, comme... *les autres* !! Toujours à vous plaindre, à vous chercher de fausses excuses : « ils sont racistes, je peux pas travailler, ils n'ont pas voulu soigner mon rhume aux urgences ». Elle répondait : « *Hey ! Change de train de lit, Bouge ta vie !*». Elle citait ainsi régulièrement des extraits de « Roulez jeunesse », une chanson du groupe *Électron libre* :

Tu envies les riches tu t'plains sans cesse
Tu maudis tu pleurniches, hey !! Bouge-toi les fesses !!
Faut d'la sueur, trimer sans compter

Sans compter les heures hey ! Même si t'es doué !
Tout rôti tout cuit, faut pas rêver !!
Tu veux y arriver, hey !! Faut t'bouger !!
Hey ! Roulez jeunesse !
Change de train de lit, Bouge ta vie

La jolie métisse, heureuse d'exister, heureuse d'être libre, indépendante, autonome, avait croqué dans la pomme des études pragmatiques. Pas trop courtes pour éviter les travaux ingrats dans lesquels son manque de qualification aurait permis à ses employeurs, supérieurs hiérarchiques de tous poils de la soumettre à leurs abus de pouvoir, leurs diktats arbitraires de petits chefs mesquins et méprisables. Pas trop longues parce qu'il fallait bien vivre, aider la famille à manger. Elle opta pour un compromis fait de bourses et de travail assidu et joyeux. Trois ans après un bac réussi avec mention, elle trouva, diplôme fraîchement acquis, son premier poste d'infirmière. Bon, à la Belle Époque, comme ailleurs certainement, elle rencontra tout de même des " petits chefs mesquins", dont l'une portait bien son nom. On ne peut pas tout prévoir !

Un « vrai beau métier » cependant, selon elle. Elle avait, au moment de son orientation, sangsues délibérément écarté les pistes « marchandes ». Les banques ne l'inspiraient pas. L'univers de l'argent en général la dégoûtait. Pour elle, le pire consistait à faire de l'argent avec l'argent des autres. Idem pour les corps intermédiaires, ceux qui, comme des sangsues, s'intercalent entre ceux qui produisent, les vrais créateurs de richesses, et ceux qui arrivent en bout de chaîne, généralement les consommateurs. Elle n'aimait donc pas non plus les hypermarchés, les agents immobiliers. Elle n'éprouvait pas la moindre sympathie pour les pharmaciens qui selon elle n'étaient plus que des vendeurs de médicaments, sans aucune empathie pour les malades. Elle aimait beaucoup le monde animal et connaissait le requin baleine, le requin marteau, le requin tigre et bien d'autres encore, mais elle avait découvert une nouvelle espèce mutante... Le requin business, celui dont le famélique cerveau était directement et exclusivement relié à son portefeuille, un petit museau de rapace, des lèvres épaisses de batracien verdâtre, un menton fuyant comme le temps et l'argent entre les mains, des dents de lièvre prépubère, et des yeux de morts-vivants translucides .... Exécrable personnage ! Elle appliquait le même type de réflexion aux « critiques », qu'ils soient d'art, de cinéma ou gastronomiques. *C'est vraiment un métier à la con ! T'imagine ? Ton travail consiste à critiquer celui des autres !! N'importe quoi !*

Elle avait peu d'estime pour la majorité des fonctionnaires. Elle qualifiait les "ronds de cuir" de planqués, de profiteurs, de glandeurs qui ne seraient jamais flashés pour excès de vitesse au travail, juste bons à être payés avec SES impôts en restant assis à se limer les ongles ou à papoter de leurs dernières séances d'épilation autour de la cafetière ! Elle savait qu'elle était excessive et tentait généralement de modérer ces assertions par un

« mais ils sont pas tous comme ça, il y en a aussi des biens. Enfin, j'en connais au moins un », et de citer Thierry qui était flic. Les flics c'était pas sa « tasse de thé », et pourtant, malgré son aversion pour tout ce qui est coercitif, elle avait découvert avec ce gaillard d'1m90 pour 95 kilos à l'allure de golgoth et au faciès patibulaire, que les policiers pouvaient être animés de louables intentions. Thierry se sentait profondément au service de la population et pas des « élites », dans une dynamique d'aide, de maintien de la sécurité de tous, du peuple... pour le bien de tous ceux, majoritaires selon lui qui ne demandent qu'à vivre en paix avec leurs voisins. Ce « simple » flic se permettait donc, en conscience, de prôner et d'agir sur le terrain de façon pédagogique et non de jouer les cowboys comme la plupart de ses collègues qui n'attendaient qu'une occasion, pas toujours justifiée au regard de la loi, de jouer de la matraque en toute impunité. Cerise sur le gâteau, il était extrêmement cultivé, citant volontiers Rousseau : « l'obéissance à la loi qu'on s'est prescrite est liberté », estimant par là-même que la France était un pays certes imparfait, mais que ses habitants avaient bien de la chance d'y vivre, pour l'instant, plutôt qu'être Coréen du nord, Birman ou Chinois...

La voie qu'Énora avait choisie ressemblait fort à celle de Thierry, finalement. Sous une forme différente, elle aussi dépensait son temps de travail pour améliorer la vie de son prochain. Avec la conviction évidente qu'on ne peut trouver un sens à sa vie qu'en la consacrant à celle d'autrui. Elle aimait à dire que ses amis avaient de « beaux » métiers. Le sien lui apparaissait juste « normal ». Mais son entourage lui rétorquait qu'il était beau, alors elle ressentait le bonheur simple et vrai d'être à « sa » place. Un de ses copains l'avait taquinée lors d'une soirée un peu arrosée en lui disant qu'elle se réincarnerait en bouleau. Elle lui avait répondu que c'était le seul arbre qui ne prenait jamais de vacances, alors non, bof. Pas plus ne souhaitait-elle renaître en chêne d'ailleurs... Parce que le chêne ne donnait naissance qu'à des glands. Le saule pleureur, non plus, snif... Le hêtre, pourquoi pas. Il avait son petit côté humain. La grande question demeurait alors « hêtre ou ne pas hêtre ! » Ce fut le début d'une interminable discussion aussi bucolique qu'alcoolique !

—Approche-moi encore un peu de lui Miss Énora .... encore un peu... Voilà, parfait.

M. Charles s'arc-bouta pour que son visage arriva à la hauteur de l'oreille de M. Corvi et il susurra.

—Un feu vient de se déclarer, il faut appeler à l'aide, à l'aide... l'aide, l'aide... aide, aide.

Et il fit signe à Énora, qui n'avait rien entendu, de déguerpir prestement. Les roues de son fauteuil se mirent à tourner avec vélocité. L'infirmière ne comprenait pas tout mais se prêtait volontiers au jeu, connaissant le côté parfois espiègle du centenaire.

M. Corvi commença à s'ébrouer avec flegme, pendant que, non loin de là, les deux jardiniers, Edmund et Edgar, que tout le monde appelait familièrement Ed et Ed, agenouillés au pied d'un rosier, maniaient avec virtuosité leurs sécateurs respectifs. Le vieux au bec de corvidé ouvrit finalement les yeux, se redressa, un peu, gonfla le torse et lança un relatif tonitruant « aide, aide » !

Les deux Anglais bondirent aussitôt, Ed glissa sur une paire de gants en plastique, tomba en bousculant Ed qui tomba aussi. Ils se relevèrent, reprirent leur course en se tenant les fesses et arrivèrent essoufflés à hauteur du banc.

—What ? Que se passe-t-il bonté divine ?! Crièrent-ils en chœur avec leur inimitable accent anglais.

—Il y a le feu, aide, aide... répondit le vieux corbeau d'une voix mécanique teintée d'un soupçon d'appréhension.

Ed et Ed se lancèrent des regards interrogateurs,

scrutèrent tout autour de M. Corvi, sous le banc...

– Où ?! Où est le feu M. Corvi ?!

Le temps de poser la question, le vieux corse avait retrouvé sa position initiale, ses courbes, ses paupières tombantes. C'est là que les deux jardiniers, après un regard circulaire, virent dans l'autre virage M. Charles qui se tenait le visage entre les mains et semblait pris de soubresauts sur son fauteuil. La mimique d'Énora énonçait une sorte d'embarras souriant. Edmund et Edgar comprirent et agitèrent, en les fixant de concert leurs index, signe d'une désapprobation de circonstance. Ils sourirent en même temps, signe d'une bienveillante compréhension. Ils rejoignirent côte à côte leur ouvrage bucolique en évoquant leur mal aux fesses et le sens de l'humour de M. Charles. Après tout, les occasions de rire n'étaient pas nombreuses dans cet univers de vieillards en plus ou moins bon état alors, il ne fallait pas se priver.

– Mon cher Ed…

– Yes mon cher Ed !

– J'ai appris hier que le sourire mobilise quinze muscles, tandis que faire la gueule, c'est quarante muscles

– Je vois ce que tu veux dire vieux frère, vraiment il y a de très bien choses dans la vie !

Et ils se mirent à rire aussi !

À la fin de la promenade, M. Charles demanda à Énora de l'arrêter près du bassin, celui recouvert de quelques nénuphars. Parfois, on pouvait y apercevoir une grenouille ou deux et les entendre coasser.

— Pas de batracien à l'horizon - constata-t-il un peu déçu. Puis s'adressant à Énora - Rien à voir, je pensais, je pensais à Stanislas.

Ah, il va essayer de me coller dans ses bras. Voyons voyons ce qu'il va inventer après son histoire de lion et de gazelle !

— Ne crois-tu pas qu'il n'a pas fait suffisamment de conneries quand il était gamin ?!

— Très bonne question, je ne sais pas, il ne m'a jamais parlé de son enfance, tu le connais - Elle lui lança un petit sourire de connivence.

— Moi par exemple, avec mes amis, on adorait sonner aux portes et partir en courant, ça reste un grand classique n'est-ce pas ? On allumait aussi des pétards, on les introduisait dans les boîtes aux lettres et ... on partait en courant aussi ! Et puis bien sûr, dans la longue série des « partir en courant », il y avait le pétard à mèche courte qu'il fallait disposer à la verticale dans une crotte de chien fraîche, j'insiste, bien fraîche, sinon ce n'était pas un défi. Combien de mes camarades se sont retrouvés avec le bas du dos plein de merde, pardonnez-moi l'expression, pour n'avoir pas couru suffisamment vite, ou avoir coupé la mèche trop courte… ou les deux !

— Haha, oui j'imagine bien, moi, avec ma petite sœur, on sonnait là où il y avait des jardins avec des fleurs. On prenait nos têtes de gentilles toutes timides et on expliquait que c'était l'anniversaire de notre maman mais qu'on n'avait pas d'argent. On en récupérait beaucoup comme ça et on en faisait des petits bouquets qu'on allait ensuite proposer dans les immeubles, mais on les vendait bien sûr ! Bon, c'était pas méchant hein. Elle sourit largement, de ces sourires pleins de jolie nostalgie et d'espièglerie enfantine.

— Ah oui ma chère Énora, je vous imagine très bien toutes les deux, ah oui et je vous félicite, c'était une très bonne idée !

Les yeux bleu marine d'Eléanore Marinova s'invitèrent dans ceux de Stanislas. Le petit rayon de soleil de ce début de soirée qui apparut peu après son retour au Polyèdre révélait leur couleur noisette clair, que son regard perpétuellement froncé rendait ordinairement bien plus sombre.

— Alors jeune homme, êtes-vous satisfait de votre journée, même si elle fut délicatement pluvieuse ?

Stan hésita à répondre concernant son indigent entretien avec M. Mazière. De plus, il était troublé, une fois de plus, par son interlocutrice. Ils étaient là, dans cet étonnant « Polyèdre » plein de mystères, et sa « prof » se trouvait assise face à lui, sur cette grande terrasse en bois précieux qui dominait la campagne environnante, dans un large fauteuil au design moderne, tout en courbes. Comme les siennes qui les épousaient parfaitement. Elle portait une longue robe blanche qui descendait jusqu'aux chevilles. Ses pieds nus, calés à l'extrémité du fauteuil, surplombaient les sandales en cuir qu'elle avait ôtées en s'installant. Son bras gauche se prélassait gracieusement sur l'accoudoir, la main, gracile, retombait négligemment dans le vide. Son coude droit reposait sur l'autre accoudoir, le bras plié, le dos de la main soutenant son menton, subtilement relevé, comme il l'avait toujours vu. Il fut étonné de constater que ses deux sourcils étaient similairement relevés, délaissant ainsi le petit air méfiant qu'elle arborait jusqu'alors.

— Et donc ? Insista-t-elle sur un ton légèrement

moqueur, en arborant une esquisse de sourire.

—Euh... eh bien... J'ai donc rencontré M. Mazière qui m'a fourni... des informations que j'ai notées et... qui me seront... utiles pour mon travail et... je vous remercie encore de m'avoir offert cette opportunité.

—Ah mais c'est moi qui vous remercie pour votre confiance, cher Stanislas. Et ensuite, dites-moi tout.

Ce dernier s'émut sans le montrer de cette épithète précédant son prénom et tenta de poursuivre, tandis que son hôte s'amusait de ses réactions.

Il essaie de se maîtriser, c'est qu'il y arriverait presque le bougre ! J'ai hâte de voir comment va se dérouler la suite...

—Et... J'ai visité Verdun, j'en ai fait le tour, j'ai vu, tellement de choses, c'était... c'était tel que je l'imaginais, enfin, tel que M. Charles me l'avait décrit. Enfin non, pas vraiment, la végétation a repoussé sur les champs de bataille mais c'était...

—Hum... j'en suis ravi pour vous. Je vous sens ému.

—...

—Vous êtes ému. Qui ne le serait pas. Cher Stanislas, vous en avez parfaitement le droit et vous pouvez aussi le montrer, en parler, nous sommes des humains et possédons tous des glandes lacrymales reliées à notre cœur. Votre émotion m'émeut pour tout vous dire.

Son sourire naissant s'épanouit, discrètement.

—...

—Allez Monsieur Vadim, je cesse de vous mettre mal à l'aise, loin de moi cette idée ! Tenez, parlons d'autre chose, dites-moi, justement, votre nom de famille, « Vadim », d'où provient-il ?

Une jeune femme d'origine asiatique était arrivée subrepticement sur la terrasse. Stan eut un petit mouvement de surprise et se raidit sur son fauteuil. Petite et plutôt boulotte, un plateau à la main, elle se pencha sur la table basse et y déposa deux flûtes. Dans un silence religieux, elle saisit le flacon de champagne, partiellement recouvert de poussière. Il ne pouvait en lire l'étiquette, mais elle était noire et arborait un blason qui avait dû être doré. Elle versa le liquide dans les deux verres élancés. Les bulles crépitaient.

—Merci Chloé, ponctua Eléanore.

—Madame. Monsieur.

Elle tourna les talons et en une fraction de seconde lança à Stan un petit sourire en coin agrémenté d'un furtif clignement d'œil.

Euh… C'est à moi qu'elle a fait tout ça ?

—Ah, Stanislas, vous voilà sauvé par ce délicieux breuvage que nous allons partager. Promis, je ne vous enquiquine plus avec mes questions. Cependant, je veux… J'exige, insista-t-elle en arborant un grand sourire, que vous vous détendiez et passiez un merveilleux moment !

Bon, objectif : décontraction du taiseux !

Elle tendit le bras vers lui, son verre à la main.

—Allez, trinquons !

L'étudiant aux cheveux hirsutes s'exécuta, et soulagé de ne plus être questionné, esquissa un sourire. L'apéritif fut l'occasion pour Eléanore de monopoliser la parole, sachant pertinemment que son interlocuteur n'était pas un spécialiste des dialogues et autres épanchements. Elle lui parla de ses aventures dans les quatre coins du globe. Elle s'étendit un peu plus longuement sur le lit de la rivière de Kbal Spean, sur le site archéologique d'Angkor, au Cambodge, dans lequel sont sculptés d'innombrables lingams. Elle lui expliqua que dans les temples Hindous ces lingams symbolisaient le phallus et était associés avec le Yoni, symbole de la vulve.

Stan finissait sa deuxième flûte et, ne buvant jamais d'alcool, commençait à sourire béatement, n'entendait plus qu'un mot sur deux et trouvait sa « compagne de beuverie » de plus en plus séduisante.

Ok tout est normal, la petite me fait de l'œil, ma prof me parle de bite et de chatte, tout va biiien !

Cette dernière disserta ensuite plus longuement sur le Congo, en particulier lorsqu'elle évoqua les bonobos. Les mots s'enchaînaient alors sans la moindre logique mais une forme de fluidité dans le cerveau perturbé de Stanislas : bonobo, singe, queue, gènes, gêne ? matriarcat, sexe, 90 minutes, calme, plaisir, apaisement, positions, onanisme, deux, trois, quatre, langue, pansexuel, fellation, cunnilingus, sodomie…

Stan, l'alcool, l'ambiance, la musique, la voix chaleureuse… acquiesçait régulièrement de la tête.

J'ai très, très chaud là, putain je dois être rouge, mais rouge… et… elle a remonté sa robe, je vois le haut de ses cuisses non ?

—Je poursuis ma petite conférence ? enchaîna sa prof. Stan hocha la tête en se forçant à ouvrir grand les yeux,

Eléanore se régala d'une nouvelle gorgée en la ponctuant d'un « aaaaaah » prolongé lorsqu'elle reposa sa coupe.

Il est encore plus sensible que je le pensais ce craquant petit éphèbe ! Allez, pas de répit, il mûrit à vue d'œil !

Mme Marinova se lécha la lèvre supérieure d'un fugace petit coup de langue.

—Je poursuis ! Les femelles, Stanislas, qui jamais ne se lasse, se mettent face à face - elle prenait son temps - et caressent ensemble leurs vulves, les mâles adorent se balancer dans les arbres et pratiquent l'escrime avec leur queue, non pas celle-là, leur pénis en érection. Et une dernière anecdote avant de nous restaurer, je sens que je vous ai ouvert l'appétit.

Sa robe était maintenant relevée et elle avait légèrement entrouvert ses cuisses, découvrant partiellement à la vue de Stan un sexe d'un rose soutenu, dépourvu de la moindre pilosité. Le jeune homme avait du mal à détacher son regard. Elle reprit la parole.

Putain c'est comme dans mes bouquins du soir mais en vrai, ou non, non non, c'est pas vrai, je vais me réveiller...

—Quand des chimpanzés se trouvent devant de la nourriture, ou devant un objet qui les attire, ils se le disputent et se battent, puis ils font la paix en se posant un baiser sur la bouche. Mais les bonobos, eux, ne se disputent que très exceptionnellement. Lorsqu'ils sont devant de la nourriture, ils s'invitent mutuellement à une activité sexuelle puis, une fois les tensions apaisées, ils la partagent. Quand je pense que cette espèce est en voie de disparition... Pour leur faire honneur, Stanislas, je vais, ne me dîtes pas non, vous apprendre à apprécier ce mode de vie, dès maintenant. Et pour faire suite à mon dernier exemple, je vous invite à passer dans la salle à manger. Nous allons vivre la suite de la soirée à la sauce « bonoboïenne ». Nous nous inviterons mutuellement comme deux bonobos dignes de ce nom et lorsque nous serons tous deux en paix, nous partagerons alors un excellent repas dont le menu sera en tout point semblable à ce que pourraient vous proposer ces amicaux primates : des graines, des fleurs, et je vous ferai grâce des invertébrés !

Oh putain tout ce qu'elle veut, j'ai l'impression d'être englouti dans un grrrros nuage molletonné avec un ange sexué !!

La « prof » de Stan se leva, d'une main elle maintenait le bas de sa robe en haut de ses cuisses, découvrant la courbe naissante de ses fesses, de l'autre elle saisit celle du jeune étudiant, l'aidant à se relever, puis l'entraîna au milieu du salon.

—Ne bouge plus, je m'occupe de tout. Ferme les yeux, laisse-toi aller.

Il était incapable de réfléchir, encore moins de la contredire. Malgré son indéniable manque de lucidité, il sentait bien que « quelque chose » se passait et au fond de lui, il frémissait de connaître la suite. Il s'exécuta donc, se sentant finalement assez détendu, voire très détendu. Même le fait de tanguer doucettement lui était agréable. Puis la musique, lancinante, chaloupée, douce et un brin sauvage en même temps lui caressa les tympans. Vinrent ensuite les paroles.

Après ma dernière vie, glandouille au paradis, ange-gardien près d'ici,
Après ma dernière vie, entrer dans une autre vie, comme j'en ai envie

Il sentait des déplacements autour de lui, l'air l'enrouler et fureter le long de tout son corps.

Alors c'est vite vu, Je signe pour les forêts enfouies du Congo
J'veux être un bonobo, tout beau tout chaud, tout beau tout chaud

—Ouvre les yeux Stanislas.

Eléanore était là, face à lui, entièrement nue, un tee-shirt à la main. Stan n'eut pas le temps de profiter du spectacle, car elle l'enfila aussitôt. Il était blanc, trop grand pour elle et sur la poitrine siégeait les trois lettres majuscules SMS, dans des tons rouges rosés. Les « S » s'entrelaçaient autour du « M ». En dessous, en petit, était écrit « Sexe More Sexe ».

Puis vint le refrain.

Bonobo's dream sans souci, On s'titille l'érectile
Bonobo's dream sex appeal, On s'titille le pistil

—Il est beau non ? s'esclaffa Eléanore en écartant les

bras victorieusement. Je te l'offre. Prends-le. J'aime les SMS… Et je suis sûre que tu vas les aimer aussi...

Et puis une série de couplets enchaînés sur un rythme qui s'accélérait.

Dans Bonobo's Land, jamais tu ne débandes
Pas d'valeur marchande, rien qui s'vole, se vende

Stan bandait. Tout se mélangeait dans sa tête. Ses récits érotiques pré-nocturnes, la vision de sa prof nue, ses séances de rétention masturbatoires, la chanson, le tee-shirt, S, M, S…

Dans la Bonobo's avenue, on vit tout nu
Les dodus comme les menus sont les bienvenus

Stan bandait. Sa prof totalement nue, les bonobos, sa prof nue, sa prof, nue… Il s'approcha d'elle, ne réfléchissait plus, Eléanore souleva le tee-shirt.

— Enlève-le Stan.

Il l'aida à l'ôter, scanna le corps de nouveau nu. Il ne comprenait pas que dans son état, second, il puisse le détailler avec autant de minutie. Il était longiligne. Sec. Musculeux. Des petits seins, des petits tétons dressés vers lui, des hanches marquées, un petit nombril rigolo vrillé sur lui-même. Il en aurait presque ri, mais il s'attardait sur le mont de Vénus, glabre et rebondi, et les lèvres de la vulve, accolées comme les paumes de deux mains en prière. Des jambes interminables. Un large sourire.

Dans Bonobo's village, y'a partout des métissages
Des Batifolages pas sages sous les pelages

Sexe More Sexe, sa prof nue, lui, nu, lingam, langues, Chloé, nue, déplaçant ses longs cheveux noirs dans son dos. Chloé, dodue, la chair pâle, deux seins lourds aux larges aréoles, de petits plis les reliant à un ventre rebondi, une fine ligne pileuse verticale terminant sa courte route à la naissance de deux lèvres charnues. De petites jambes massives. Un large sourire.

Stan halète, Sa prof gémit, Chloé geint.

Dans Bonobo's street, Coït par ci, pas d'zones interdites
Dans Bonobo's street, coït par là, ça palpite sans limite

Pas de zones interdites, pas de limites, Eléanore susurre, suce, Stan explore, grogne, Chloé frétille, titille, les bonobos jouissent, Chloé jouit, Eléanore jouit, Stan jouit

Sur Bonobo's planète vont les amours douillettes
Y'a plein plein plein d'amours sous la couette

Pause, repos, temps calme... Le souffle du vent se faufile dans l'ouverture des baies vitrées. C'est doux. Cotonneux. Ouaté.

L'ambiance revêtait une sensualité apaisée. Eléanore jouissait encore dans une lente et progressive « descente » sensorielle et émotionnelle. Ses doigts légèrement écartés peignaient sa chevelure en friche. Le geste était élégant, raffiné, méthodique. Elle les ramena derrière sa nuque. Stan, les yeux mi-clos, savourait ses gestes indolents, ses cheveux qui dansaient au ralenti, découvrant ses petites oreilles, remarquant un grain de beauté derrière le pavillon parfaitement dessiné.

Elle m'a dépucelé. Elles m'ont dépucelé ! Putain je me souviens pas de tout mais… Je crois que j'ai adoré. Je me souviens que j'ai adoré. Comment ça va se passer à la fac ?? Merde, j'crois que je m'en fous complètement. Elle m'a dépucelé. Elles m'ont dépucelé ! J'ai encore le goût du nuage, le goût de leurs chattes au bout de mes doigts.

Stan reniflait l'extrémité de sa main gauche comme un petit animal dont la survie dépendrait de ces messages olfactifs. Il les lécha. *Putain j'adore...*

Il ouvrit totalement les yeux. Ils étaient là, tous les trois, allongés sur un épais tapis. Partout autour et sous eux se reposaient enfin des coussins aux formes et couleurs variées, des sex-toys, colorés aussi. Les souvenirs lui revenaient au fur et à mesure.

On a joué avec. Je m'en souviens. Putain c'est un truc de dingue. Les rubans… oui, les rubans aussi.

*

Les deux femmes le collaient. Eléanore, allongée une jambe par-dessus la sienne, fouinait dans les poils de son torse. Chloé, positionnée perpendiculairement, sa tête sur le bas du ventre de l'ancien puceau observait son sexe au repos. Sur un geste de la tête d'Eléanore, elle se leva avec souplesse, effleura le bouton « play » de la station musicale et avant de quitter la pièce, fit volte-face pour adresser un nouveau clin d'œil à Stan. Sa Prof se tourna vers lui, le fixa, sourit et posa ses mains sur ses yeux. Il n'entendait plus que la musique d'une douceur aussi délicate que ses mains et sa voix chaleureuse qui le mettait en confiance. Encore.

—Mon cher Stanislas. J'ai beaucoup aimé. Tu m'as fait beaucoup de bien tu sais, et à Chloé aussi. Elle rit de bon cœur. Tu t'es abandonné. C'est un luxe, crois-moi. Nous ne sommes pas faits pour réfléchir à tout, tout le temps, en essayant de tout contrôler. Laisse-toi encore bercer, beau jeune homme. Comme disait un ami, « l'univers a ceci de particulier qu'il comporte plus d'atomes que nous ne possédons de neurones. Il est donc difficile de l'appréhender ». Et j'aime à compléter en rappelant que nous possédons de 80 000 à 100 000 cheveux sur nos têtes. Alors… Stanislas. N'essaie plus de vouloir être un petit démiurge, de chercher à tout maîtriser dans une vie, la tienne, que tu vas rendre étriquée et médiocre. Active tous tes sens !

La musique douce et profonde les enveloppait. Stan se laissa porter par ce mélange étonnant, purement instrumental, de lents sons graves qui résonnaient, s'harmonisaient en lui et d'éléments rythmiques qui lui faisaient penser aux danses amérindiennes capables de générer des transes.

—J'ai commandé cette musique à un ami compositeur, enchaîna Eléanore. Quelques jours après que mon énervement, mon irascibilité, mon agressivité furent tels que je commis un acte irréparable. Mais ce n'est pas le sujet. Ce musicien, un personnage très imposant, dont le volume tout en rondeur est pleinement dédié à une sensibilité exacerbée, est capable de transmettre des émotions comme personne. Des émotions, des pensées, des senteurs, des images, des sentiments, des couleurs. Les sens se confondent. Une unité qui nous relie à nous-mêmes, nous rassemble, puis nous immerge et nous dilue dans le monde avec lequel nous ne faisons plus qu'un. J'ai voulu que les sons apaisent et ai exigé que le tempo débute au rythme des pulsations cardiaques humaines ordinaires, puis qu'il ralentisse progressivement pour que les auditeurs se synchronisent et ressentent tous les bienfaits d'un cœur qui sait prendre le temps de palpiter, en harmonie avec la vie, sans se soucier du lendemain. Sens-tu cela, Stanislas ? »

Il ressentait un peu de ce calme, oui, tout comme il avait senti la main d'Eléanore prendre la sienne alors qu'il gardait les yeux fermés. Elle l'enveloppait sans la contraindre, rassurante et sensuelle.

—Oui, je sens cela... Je... Comment je dois vous appeler ? Je peux vous appeler... Eléanore ?

Elle éclata de rire, d'un rire simple, direct, sans moquerie.

—Mais oui bien sûr, c'est moi qui aurais dû te le proposer, et après ce que nous venons de partager, tu peux aussi me tutoyer.

Stan sourit et savoura autant le plaisir de pouvoir appeler sa prof par son prénom que d'avoir eu le courage de le lui proposer. Il répondit.

—Eléanore, oui... ça devrait aller, mais le « tu », c'est pas gagné !

Il l'avait vu entièrement à poil oui. En vrai. Mme Marinova, nue. Wahou. Ils avaient fait des trucs de dingue, avec Chloé en plus. Et il n'était donc plus puceau. Complètement harassé, il ne parvenait pas à pleinement réaliser, referma les yeux, se laissa aller à un début d'assoupissement.

—Déjà fatigué ? - Eléanore étouffa partiellement un petit rire et soupira à son oreille - je plaisante, repose-toi, tu l'as bien mérité.

Elle lui sourit en enserrant délicatement son visage entre les mains, l'embrassa sur les lèvres.

—Je vais me rafraîchir, colle-toi à cette petite dévergondée de Chloé pour te tenir chaud !

Elle quitta la pièce en riant.

—

À fleur de peau, trop sensible, sentiments contradictoires. Il fallait écrire.

"De M à N"
Veuve noire, tisseuse de mes poèmes,
Ton miroir n'est qu'un stratagème
Dans l'arène, souveraine, tu danses,
Danse danse hallucinogène
Sensuelle vampire, à peine humaine
Tu aspires mes rêves par centaines
Respires mon cœur mon oxygène
Sur tes lèvres un sourire qui m'enchaîne
De Aime à Haine un seul souffle de toi
Je t'aime parfois jusqu'à la haine
Entre M et N pas une lettre de toi
Je t'aime malgré moi

Marquise de Sade, tu imposes ton emprise
Exquises extases, ta loi me grise, me brise
Amour alambic distillé au compte-goutte
Tes mots, tes répliques compliquent ma route
Vipère aux yeux verts tu m'enroules m'enlaces
Je perds mes repères tout s'écroule se casse
Dans nos nuits s'embrassent la chair et la pierre
Ton regard cutter me transperce, me glace
De Aime à Haine un seul souffle de toi
Je t'aime parfois jusqu'à la haine
Entre M et N pas une lettre de toi
Je t'aime malgré moi

—

Stan ferma les yeux. Il revoyait le corps totalement dévêtu d'Eléanore, celui de Chloé. Il se laissa couler dans un demi-sommeil. Il se demandait si ses rencontres incessantes avec des « ancêtres » étaient réellement fortuites, ou si ne se dessinait pas petit à petit une sorte de destin, dans lequel les anciens et lui construiraient une histoire commune et durable... Il arrêtait son deux-roues, et y restait assis, pendant que la pluie cessait de tomber… Il eut à peine le temps d'ouvrir la visière de son casque, quand surgit de la maison un vieux monsieur entièrement nu qui dévalait l'escalier. Le vieillard courait à travers le parc de façon désordonnée tel un poulet sans tête. Il était généreusement replet et l'impressionnante cascade de replis de son ventre retombait jusqu'à recouvrir ses pesants testicules, comme les paupières protégeant les globes oculaires d'un tarsier. II atteint le grand saule pleureur, écarta le rideau de branches fines et tombantes et s'immobilisa près du tronc. Des dizaines de fines gouttes s'écrasèrent entre les brins d'herbe. Maintenant on n'apercevait plus que sa grassouillette silhouette. Il ouvrit les bras en croix, respira profondément, puis lentement les leva jusqu'à ce que ses mains empoignent des faisceaux de branchages souples et trempés.

Puis, avec une énergie surprenante, il s'acharna à les tirer par saccades verticales, comme un moine submergé par la ferveur divine actionnant la corde reliée à la cloche… il se déchaînait, les gouttes pleuvaient sur son crâne chauve, ses larges épaules, ruisselaient sur sa peau rugueuse se frayant un passage entre les touffes de poils qu'il arborait comme un orang-outang surdosé en testostérone.

Stan regardait, presque hébété… « C'est monsieur Dante… Marrant non ? » En se retournant, il reconnut derrière lui Pierre, un des infirmiers. « Il fait ça après chaque averse. Parfois il prend même son shampoing !! Au début on a essayé de l'en dissuader… mais il nous a eu à l'usure. Presque quatre ans maintenant que ça dure, et apparemment, c'est pas si mauvais que ça pour la santé. Enfin, pour la sienne en tout cas !! » L'homme en blanc éclata de rire, n'attendit pas la réaction de Stan pour remonter l'escalier en lançant au vieil homme : « insistez bien sous les bras Casimir, et pensez à la serviette autour de la taille, je vous la pose sur la rambarde ! »

Pendant ce temps, derrière la fenêtre de la chambre 13 du premier étage, on pouvait voir les nez écrasés sur le carreau des membres du gang auto-proclamé des « Libis ». Comme libidineuses. Tout était bon pour alimenter leur appétit de chaire surdéveloppée. Leurs six palpitantes narines propulsaient bruyamment de puissantes et fétides exhalaisons sur la vitre. Les trois grâces essuyaient régulièrement la buée tandis qu'elles libéraient sans aucune retenue des grappes de mots comme une nuées de sauterelles affamées sur un champ de canne à sucre.

— Regarde-moi ce tas de graisse bien grasse, j'te tripoterais ça moi !

— Hahaha !! Je te laisse la graisse épaisse de notre pote potelé, pour m'occuper… de ses deux grosses fesses toutes rondes. Je les claquerais volontiers pour faire circuler le sang !

— Moi mes grosses chéries, je vous laisse l'arrière-train et la bedaine, pour m'occuper… Ah, comment disait déjà notre bon ami Charles ? Dibluskañ kiche ou formule voisine de l'ouest, je me rappelle plus, en tout cas ce vieux verrat m'avait expliqué que ça signifiait « éplucher la viande » … surtout le saucisson !!!

— Ah le pervers, c'est de gâterie buccale qu'il t'entretenait !

— Tout juste ! regardez-moi cet animal qui s'agite sous la pluie du saule… Tiens, Madeleine, toi tu soulèverais sa flasque brioche, et moi… hum, je me mettrai à genoux devant son petit poireau… et je le goberai tout entier…

— Pense donc à enlever ton dentier ma fille !

— T'inquiète pas ! … Je sais ce que j'ai à faire pour satisfaire l'anguille de Casimir ! On me surnomme pas mamie ventouse pour rien. Y'a des femmes qui sont inspirantes, moi je suis aspirante, j'vous dis !! Madaaaame Dyson, si elle vous inspire, elle vous aspire !!

Un filet de bave s'écoulait au coin des lèvres de la pompeuse, dont les qualités de succion étaient connues par la plupart des sociétaires de la Belle Époque.

—Oui oui on sait, blablabla, tu es la Dyson et conçue pour réaliser un nettoyage en profondeur, comme dans la pub !

—Oui oui Maaadame l'impératrice des aspiratrices, tu nous uses à radoter !

Lorsque Stan entrouvrit la porte, il y trouvait le vieux monsieur, assis sur son lit, le dossier relevé. Il chuchotait à l'oreille d'Énora. Tous deux croisèrent son regard dès son entrée et s'en détournèrent aussitôt. Une femme avec son sixième sens aurait certainement perçu ce « petit quelque chose qui met la puce à l'oreille » … Mais Stan, déjà peu à l'aise avec sa virilité, n'en était pas encore à développer son côté féminin !

– Alors monsieur le ténébreux étudiant …

– Bonjour Stan, ajouta M. Charles

– Bonjour …

Énora l'interrompit.

– Je dois vous laisser, aujourd'hui je quitte plus tôt… bonne fin de journée, M. Charles, je vous laisse en de bonnes mains - elle esquissa un imperceptible clin d'œil à son adresse

– Stan, je vous laisse en de bonnes mains aussi !!

Énora venait de passer la porte, on l'entendit rajouter en riant : « et jeux de mains jeux de coquins ! » Ce à quoi le grand-père de la chambre lui répliqua : « et qui aime bien châtie bien !! » D'une voix qui s'éteignait à grands pas, Énora eut juste le temps de rajouter, pendant que Stan pensait, sans oser le dire « et qui peut le plus peut le moins » : « faites du bien à vilain… » M. Charles fixa Stan, sourit largement et compléta : « il vous chie dans la main !! »

Le jeune garçon était à demi outré. Il ne se faisait toujours pas à ce qui pour lui restait un incompréhensible paradoxe : un vénérable monsieur d'un âge qu'il qualifiait volontiers de respectable ne pouvait utiliser un langage qui ne l'était pas. En même temps, il savait pertinemment qu'il changeait de discours en fonction de son interlocuteur et qu'il s'exprimait de façon bien plus élégante avec Énora par exemple ! Il devait aussi reconnaître que son savoir était considérable et que ses capacités lexicales lui permettaient, que ça lui plaise ou non, d'être dignement professoral, tendrement humain, ou totalement déplacé... Lorsque M. Charles prit la parole, ce fut précisément pour quelques-uns de ces jurons préférés, en breton. Il évoqua le rituel de Casimir et, après s'être gentiment moqué de son prénom, expectora en mélangeant rires et raclements un « *mankout ul louaiad dezhan* ».

—Il lui en manque une cuillerée... si je te traduis littéralement. Alors, qu'en penses-tu ?

—Euh... il n'est pas complet, donc il n'a pas toutes ses facultés ?

—OUI !! Bien, bravo !! Il a une case vide, tout à fait ! Et j'ajouterai *Bezañ ganet d'ar sadorn da noz* !! ce qui signifie être né le samedi soir.

—Ah... attendez, bougez pas !

—Je ne risque pas !!

—Né le samedi soir, le samedi soir... le samedi soir il

se passait quelque chose de « spécial » ... à la campagne c'était le soir d'avant dimanche, donc on faisait la fête ?

– Oh ! Tu m'épates Stanislas ! et de ce fait ?

– Et on buvait ?

– Ouiiiiiii !! Excellent !

– Et donc les enfants qui étaient conçus le samedi soir l'étaient par des ivrognes et donc ...

– Ils étaient atteints de bêtise con-génitale ! En deux mots

– Beau jeu de mots M. Charles ! C'étaient des bras cassés quoi ?!

– Aussi !! C'est bien Stan... Belles et rapides déductions, en conséquence... félicitations !

Le jeune homme cachait difficilement une joie sincère, autant d'être ainsi félicité par M. Charles que d'avoir effectivement fait preuve d'esprit.

Stan se réveilla. Il était dans un lit, bien couvert, volets fermés. Il bâilla longuement, grogna, la bouche grande ouverte comme la gueule d'un lion sortant de sa sieste. Il se frotta le visage énergiquement, reconnut vaguement dans la pénombre sa chambre du Polyèdre. Il arbora une moue dubitative lorsque défilèrent en mode stroboscopique une succession d'images d'activités sexuelles totalement débridées avec sa prof et la petite serveuse. Il se frotta encore le visage en insistant sur les yeux, au point d'en avoir la vision troublée en les rouvrant. Il renifla ses mains. Ses visions érotiques revinrent, plus nombreuses, plus précises. Tellement précises que, associées aux fragrances d'élixir tenaces qui subsistaient sur ses doigts et à son érection naissante, il ne faisait plus aucun doute qu'il n'avait pas rêvé !

Bon bon bon… comment j'en suis arrivé là, bin… j'm'en fous en fait !! Je suis bien là non et j'ai forniqué comme un cochon.

Il se leva d'un bond en riant, poussa un long grouinement, rigola de bon cœur, s'approcha de la fenêtre et en déclencha l'ouverture automatisée. À mesure que le volet montait, la lumière, aveuglante, inondait la chambre. Le tout fraîchement « dépucelé » cligna des yeux. Quand il fut habitué à cette intense luminosité il regarda dehors. Il était bien encore au Polyèdre. Il faisait grand soleil. Quelle heure était-il ? Peut-être bien… dimanche ! Il entra dans la salle de bain, s'appuya sur le large lavabo pour s'approcher du miroir.

Bon, j'suis pas rasé. C'est pas mal non ?

Il se sourit, se moquant presque de lui. Wahou, de

l'auto-dérision !! Une autre première. Puis il découvrit trois fines traces rouges longilignes qui parcouraient verticalement le haut de son torse. Des griffures.

Merde, elles m'ont griffé ! Putain j'ai carrément rien senti. Ça fait mec non ?

Il rit tout seul en se disant que ça n'avait aucune importance ! En revenant dans la chambre, il remarqua une enveloppe sur la table basse, la décacheta.

Mon cher Stan. Ce matin, le polyèdre est entièrement à toi. Nous l'avons toutes et tous quitté pour diverses raisons, rien de bien palpitant. Profites-en selon ton bon plaisir. Je serai de retour en début d'après-midi, avec une surprise pour toi. Eléanore

Stan parcourut la missive une seconde fois. Oui, il n'avait pas rêvé. Cool ! Le large sourire sur son visage ne le quittait plus, il s'habilla rapidement et descendit directement au garage. Après s'être équipé sans réfléchir, ce qui ne lui arrivait jamais habituellement, il enfourcha l'autre moto. La sportive. La bariolée. La « pas discrète ». Curieux comme aujourd'hui elle lui faisait de l'œil et curieux comme aujourd'hui il trouvait ça… évident ! Il enfourcha le bolide, garda la visière de son casque ouverte. La porte s'ouvrit automatiquement à son approche et il accéléra sans retenue dans un grognement sourd et puissant ! Il était encore « saoul de plaisir ». Et ce plaisir était ravivé par la sensation de liberté ! L'air était frais sur son visage, ses yeux encore fatigués restaient grands ouverts malgré le vent qui les fouettait. Ses pensées éparses, vivaces, oscillaient entre la vision de ses deux partenaires de jeux et les virages qui défilaient... leurs bouches, chaudes, toujours, leurs sexes avides, encore et encore... aucune voiture autour de lui. La petite route totalement dégagée. La vitesse, déraisonnable, le vent, toujours, sur ses genoux, le long de ses cuisses. Son sexe, plaqué sur le réservoir, encore tendu, persistant dans son excessive et jouissive présence.

Un peu plus tard, sans savoir combien de temps il avait roulé, il stoppa sur le bord de la route où naissait l'entrée d'un bois de conifères. Il ôta son casque, l'enfila sur l'un des rétroviseurs, s'enfonça durant deux minutes dans le bois et s'assit, dos calé contre le tronc large d'un vieux chêne. Peut-être centenaire. Il pensa à M. Charles. Oserait il lui raconter tout ça ? Vint le silence. Puis, un à un, les chants de plusieurs oiseaux qui revenaient progressivement puisqu'il restait immobile et silencieux. Il n'était plus un danger. Un rouge-gorge, peu farouche. Une mésange charbonnière, plus craintive mais curieuse. Il respirait, longuement, pleinement. Il sentait ses poumons se remplir de l'odeur de la sève des pins. Il ôta ses gants, fit glisser ses doigts sur ses lèvres. Hum… ces effluves. Leurs effluves... fragrances subtiles, parfums de jouissance, tiédeur entêtante... il se surprit à les humer encore comme un chien retrouvant la trace de son os favori au fond du jardin, peut-être même comme un p'tit bébé qui, reconnaissant l'odeur familière et bienfaisante de sa mère s'en délecte à s'en soûler l'âme et le corps... Il dut patienter encore, se gavant aussi des images sensuelles, récurrentes, presque subliminales des corps entrelacés, des gémissements partagés, des cris orgasmiques.

Stan repris la route du retour. Une fois la moto encore chaude garée et son équipement à peu près rangé, il emprunta l'ascenseur et tenta de nouveau d'atteindre le 3e étage, sans succès. Il redescendit au rez-de-chaussée. La porte s'ouvrit.

— Tiens tiens... Je suis sûre que tu as voulu visiter le 3e !

Eléanore, face à lui, le regard mutin, fraîche et pleine d'énergie, tenait par la taille, serrée contre elle, une femme que Stan n'avait encore jamais vue.

L'ambiance était proche de l'hystérie ! « Vas-y double-le bordel !! », « il va gagner il va gagneeeeer !! », « mais quelle larve celui-là, tu vas te bouger le cul oui ?! » « Ah mais c'est pas vrai, il va me faire perdre ce con !! » Tous les résidents valides s'époumonaient au passage des compétiteurs.

Aujourd'hui, la direction était absente, comme tous les premiers jeudis du mois pour le conseil d'administration de la chaîne des maisons de retraite « le Bonheur à toute heure », dont faisait partie la Belle Époque. Normalement, Mme Mesquin en assurait l'intérim, mais en son absence, c'est M. Siffra, le comptable, qui était réquisitionné pour l'occasion. Un brave homme, perdu comme il se doit dans ses chiffres, peu au fait du règlement et surtout drapé d'une abjection gravée dans le marbre pour toute forme de conflit. C'est donc facilement que plusieurs retraités, M. Charles en tête, purent convaincre le grand suédois longiforme qu'allait se dérouler, comme à l'accoutumée, la course des tondeuses. Bien sûr, c'était la première fois.

Ed et Ed avaient été mis dans la confidence et prirent soin durant les jours précédents de préparer les tondeuses auto-portées afin que leurs performances soient équivalentes. M. Charles et son ami M. Ernest s'étaient occupés de prendre les paris, y compris chez les « Alzheimeriens » qu'ils pouvaient tranquillement arnaquer en les faisant payer plusieurs fois.

Tout le monde était ainsi de sortie, chacun ayant trouvé place le long du parcours qui faisait le tour de la grande maison, avec un détour vers le parking permettant d'introduire un virage en épingle. Le gardien surveillait l'entrée au cas où. Le personnel soignant s'était éparpillé de ci de là parmi les résidents.

M. Petibec, quant à lui, du haut de son mètre cinquante-et-un se promenait et se positionnait régulièrement derrière chaque locataire, ne pouvant s'empêcher d'entrer avec chacun d'eux en total mimétisme. Il ressemblait par exemple à s'y méprendre à M. Jean-Paul, tel un crapaud-buffle. Ses commissures s'abaissaient, sa gorge se gonflait exagérément, au point qu'un parfait arc de cercle reliait le bas de la bouche à la pomme d'Adam. Les yeux tentaient de s'extraire de leurs orbites, le regard se vitrifiait. Ceux qui connaissaient cette particularité s'en amusaient, ceux qui le découvraient détournaient le regard.

Énora se tenait non loin de Mme Beauchâteau, qui elle-même était toute proche de M. Charles. Elle s'était parée de deux grandes « nattes françaises », tressées ensemble en commençant au sommet de la tête, descendant le long de la nuque et revenant se terminer devant les épaules.

Les deux frères grand-bretons avaient pris place sur leurs bolides et mis le contact. Les moteurs, véritables miniatures de ceux des grosses voitures américaines, glougloutaient joyeusement sur un rythme saccadé. M. Charles avait demandé à Marguerite de se rapprocher et lui susurra quelques mots à l'oreille, tout en lui tendant un petit drapeau confectionné la veille par Mme Issoire, une ancienne couturière. Il avait fière allure, concocté qu'il fut dans un torchon blanc quadrillé de rouge « emprunté » aux cuisines.

Bien calés sur leurs bolides, Ed et Ed, les doigts crispés sur les volants, se souhaitèrent "bonne chance et toutes ces sortes de choses". La vieille et séduisante amie de M. Charles s'approcha de la ligne de départ, leva le bras et compta. Un, deux, trois, au feuuuuu ! l Les deux pilotes lâchèrent les freins, les résidents hurlèrent leurs encouragements, le personnel encadrant en fit de même - tout le monde avait parié - Casimir secoua son ventre bedonnant, Énora agita son vieux thermomètre, Mme Quelet son chapeau, et M. Corvi se mit à détaler en criant « au feu, au feuuuuu » tous les deux mètres !

Lorsque les deux anglais arrivèrent au virage serré, ils étaient au coude à coude et on les entendait se lancer des noms d'oiseaux, en français, avec une véhémence telle qu'on ne pouvait plus les imaginer de la même fratrie. Le tout était enrobé d'un délicieux accent british : "sais-tu où je vais ton nuage de lait te foutre ?" ; « Espèce de vieille mouillée dindon ! », « marmelade de truie dans ton thé !», « choquante gelée à la moisie menthe ! », « répugnant rôti d'émasculé bovin ! ».

Les deux cascadeurs ne cessaient de se doubler, redoubler sous les vociférations stridentes du public hystérique. C'est à mi-chemin du troisième et dernier tour que M. Corvi traversa la piste au moment de leur passage. Ed fit un écart sur sa gauche, l'évitant de justesse, redressa à droite. Ed faisait dans le même temps un écart sur sa droite, frôlant M. Corvi, puis redressa à gauche. Ed et Ed, moteurs vrombissants rageusement, se percutèrent finalement au milieu de la piste dans un généreux vacarme. La foule en liesse applaudit, chacun prenant son voisin, sa voisine dans les bras, personne n'avait gagné le moindre pari. Les deux frères montèrent sur les capots encore fumants pour se congratuler sous les hourras et les bravos !!

—Somptueuse course, n'est-il pas ?

—Il est, indubitablement !

—Je dis Ed, bravo à toi, incontestablement !

—Je dis Ed, pareillement !

—Secouons-nous les mains !!

—Secouons-nous les mains !!

L'heure qui suivit fut consacrée aux rangements et autres camouflages des dégâts et le déjeuner ne ressembla à aucun autre. Tous avaient leur mot à dire, leur analyse de la course, leur anecdote, leur exaltation, leur déception, leur héros et tous prièrent pour qu'une deuxième édition puisse avoir lieu !

—

Être une femme dans ce monde n'était pas simple. Il fallait se battre, parfois. Souvent.

"Fille de guerre"
Sang berbère, sève de la terre
Vibre le soleil du désert
Les esprits des ancêtres, tatoués d'or

Fille du Maharadjah les yeux fixes
Pupilles de naja percent
Traversent comme une flèche d'or
Fille de guerre, fille de guerre, ne te laisse pas faire
Fille de guerre, fille de guerre, fais les toucher terre
Panthère noire et sincère nuits félines blanches et Fières
Dans les lumières peu claires tu dors dehors
À coup de coups de gueule électron libre, libre,
Tu n'aimes que ceux qui Savent, ce qu'ils veulent
Fille de guerre, fille de guerre, ne te laisse pas faire
Fille de guerre, fille de guerre, fais les toucher terre
Tes mots cognent cognent dans l'air
Sentence aux clameurs de guerre
Puisée dans un livre de fer pour les faire taire
Tes mots cognent, corps à corps,
Les lâches te jettent des sorts, mais
Ce qui ne tue pas, rend plus fort

—Oui, le troisième étage… Stan rendit son sourire à Eléanore, aussi malicieux en y ajoutant une pointe de défi.

—Oh mais dis-moi… toi, tu as changé depuis peu ! Et elle éclata de rire en venant l'embrasser à pleine bouche. Elle se recula soudainement et intercala sans ménagement la jeune femme entre Stan et elle.

—Dis bonjour à Lucie-Jolie, ma petite soumise berbère !

Stan n'eut pas le temps de découvrir le physique de

Lucie, il remarqua en une fraction de seconde ses yeux noisette très clairs cerclés de noirs, qui disparurent aussitôt sous ses paupières. Elle se tenait droite, les mains le long du corps et attendait, immobile.

—Ne te fais pas prier Stanislas, Lucie est à moi, elle est donc aussi à toi. Ici, au polyèdre. Cependant, à l'extérieur, elle est « Maîtresse ». Étonnant, non ? Je te raconterai son histoire plus tard - elle poursuivit dans un chuchotement - allez, embrasse-là, goûtes ses lèvres, tu ne seras pas déçu…

Eléanore était convaincante, comme toujours, en douceur, fermement et cette nouvelle opportunité qui lui était offerte réveillait sa libido. Stan ne se fit donc pas prier et goûta. Sa bouche était tiède, souple. Il eut envie d'elle, tout de suite, mais se retint. Il prenait conscience que oui, il avait « changé depuis peu », mais qu'il n'était probablement qu'au début de sa mue. Dans l'ascenseur, il put remarquer ses formes généreuses, sa peau mate, ses cheveux longs et volumineux, aériens, très ondulés sans être frisés, noirs. Elle était vêtue d'une longue robe blanche évanescente ponctuée, du bas jusqu'à mi-cuisse par des broderies d'une extrême finesse, des fleurs entrelacées aux dominantes aigue-marine. L'imagination de Stan, débridée par la nuit précédente, se laissa aller à plusieurs scenarii, de plus en plus chauds et décomplexés. Un court instant, il réalisa, encore, à quel point il se transformait et à quel point c'était excitant, enthousiasmant. Enfin, sa vie basculait et il cessait d'être ce jeune homme ténébreux et renfermé, il sentait en lui toute cette sève qui ne demandait qu'à jaillir.

La porte de l'ascenseur s'ouvrit au troisième. Enfin. Une grande pièce sans fenêtres et un plafond entièrement en verre offrant le spectacle changeant du ciel, comme une peinture sans cesse renouvelée. Au milieu, une vitrine protégeant un grand livre ouvert. Des études, à la sanguine. Page de gauche, il reconnut le visage de la Joconde. Page de droite, le même visage, sur un corps nu. En bas, une inscription, *Codex. Léonard de Vinci. 1502.* c'était comme si un tabou venait de se briser. Un de plus. Qui donc dans l'histoire de l'humanité avait pu voir ces dessins, avait pu voir la Joconde, nue ? ... Ses turpitudes mentales prirent le dessus. Où était-il, qui était Eléanore ?

Putain mais c'est quoi ce bordel ??

Plus loin, ils s'arrêtèrent devant *l'origine du monde* de Gustave Courbet. Vinrent ensuite un panneau composé de photos en noir et blanc extraites du film *L'empire des sens,* puis un dessin jauni dont le titre ne laissait aucune équivoque : *Kama Sutra.* La dernière photo était intitulée *Les précieuses ridicules* et représentait deux testicules en très gros plan, chacun affublé d'un ruban de dentelle blanche. Ils empruntèrent ensuite un long couloir à la faible lumière, dans laquelle il reconnut des toiles japonisantes. Ou chinoises. Asiatiques en tout cas !

—C'est du bondage, sais-tu de quoi il s'agit, Stan ?

—... Je ne connaissais pas le nom mais je crois comprendre oui !

— Avançons encore.

Au bout du couloir, une seule porte. Elle s'ouvrit à leur approche. Une belle pièce aux couleurs chaudes, du bois acajou, tapis épais, chaises anciennes, fauteuils accueillants, lit King size, lumières douces. Une nacelle suspendue. Un cheval d'arçon en cuir tanné. Des sangles, des cordes, des foulards. Aux murs encore des photos. En couleurs. Des corps entremêlés, des lèvres épaisses, avides, des mains fines parcourant des courbes impudiques. Stan s'approcha. Sur chacune d'elles, il reconnut Eléanore.

— C'est mon antre préféré, je vais t'expliquer, le bondage et la vie de Lucie-Jolie qui jouit en produisant des jets entre les cuisses, comme une fontaine, tu verras, c'est jouissif aussi pour nous. Je vais t'expliquer, je vais t'apprendre, ça, les femmes en sont folles et très peu savent qu'elles peuvent jouir ainsi. Parfois elles le savent mais ne se l'autorise pas. Quel dommage !

Tu vas pouvoir devenir leur initiateur, révélateur, dégoupilleur, le décapsuleur qui leur permettra de faire pschitt, leur sorcier, leur sourcier ! Ah, l'art du sourcier, figure-toi que depuis la plus haute antiquité, il est celui qui trouve l'eau souterraine, à l'aide d'une baguette, de noisetier, de coudrier. Toi, tu vas permettre aux femmes de trouver leur fontaine de jouissance avec les petites baguettes qui s'agitent au bout de tes mains !

Alors, pendant qu'Eléanore faisait glisser la robe de Lucie, qu'elle la caressait délicatement et que le corps de sa soumise se mettait à onduler, elle parlait doucement à Stan. Elle lui expliqua le bondage vu « côté femme », en commençant par un de ses souvenirs quand, alors âgée de douze ans, elle ressentit ses véritables premiers émois sexuels. En vacances avec son cousin, ils regardaient les livres de la bibliothèque quand ils trouvèrent par hasard, derrière ceux les plus haut placés, des bandes dessinées érotiques avec des scènes de bondage. Ils passèrent des heures à les regarder. Elle admirait ces femmes si belles, aux rondeurs offertes, dans des tenues qui explosaient littéralement de leurs chairs si appétissantes. Elles n'échappaient jamais au désir des hommes qui les ligotaient sans ménagement pour les posséder. Plus que ces sexes ou ces seins, c'étaient leurs visages emplis d'extase qui la ravissaient.

– Tu vois, Lucie se soumet à moi. Elle le fait « pour » moi, parce qu'elle sait que la femme est un gibier qui a appris à piéger son chasseur. Et elle est cette femme-gibier qui fait que finalement, je suis, de fait, plus soumise à elle qu'elle ne l'est à moi. Comprends-tu ? Mais toi, Stanislas, tu n'es ni chasseur, ni proie. C'est pour ça que tu m'intéresses. Tu m'intrigues, tu m'émeus. Voilà le pourquoi. Car je satisfais toujours ma curiosité. Et je t'offre ce cadeau, tous ces cadeaux pour te prouver ma bonne foi, je donne toujours autant que je prends ! Mais revenons au bondage. Je l'ai expérimenté, bien sûr, d'abord en tant que soumise. Je me souviens la première fois. Tout se déroulait dans le silence, j'entendais résonner les battements de mon cœur. Du sien aussi. Mon excitation face à cette nouvelle aventure me mit dans un état extrême, paradoxal, mêlé d'envie et de peur. Je vivais un moment grave, solennel où mon corps ne m'appartenait déjà plus et n'était plus qu'une offrande à son désir… J'étais pour lui sublimée et promise à l'élévation de mes sens dans un total lâcher-prise. Ce « fameux » lâcher-prise. Au-delà du galvaudage actuel, ce n'est pas qu'une légende !

Eléanore s'était emparée d'une corde et l'avait fait glisser sur le corps de Lucie, comme une caresse. Elle avait attaché ses membres pour ce nouveau voyage, créant ce lien subtil entre Terre et Ciel. Les nœuds dessinaient les épisodes de sa vie et ses victoires remportées contre la douleur. Sa quête empruntait à présent un chemin qui devait passer par son propre statut de soumise. Elle l'avait consciemment choisi comme guide, qui lui ferait faire le voyage du plaisir, ensemble. Eléanore la mènerait, Lucie et elle, vers une nouvelle forme de réalité. Jouer-Jouir à l'infini pour la pure beauté du geste et du respect, libérées des carcans de la moralité ou de l'affect. Se donner jusqu'au vertige et être à tout jamais différentes… Curieusement, même si Stan éprouvait du désir et s'imaginait volontiers participer à cette danse captivante et sensuelle, cette idée était vite reléguée derrière le plaisir simple, vrai et intense d'en être le spectateur privilégié.

Lucie jouit. Plusieurs fois, grâce à quelques effleurements, seulement, offerts avec lenteur et amour.

Eléanore lui ordonna de se mettre à genoux, jambes écartées, buste relevé, cambrée. Elle se plaça à sa droite, elle aussi à genoux, perpendiculairement à elle, ses cuisses de chaque côté de son genou droit. Elle posa sa main entre ses seins ronds et proéminents, la fit glisser comme un souffle jusqu'à son mont de vénus, en épousa la forme courbe et poursuivit jusqu'à la vulve. S'y arrêta. Son majeur et son annulaire disparurent en elle et elle commença de courts mouvements de va-et-vient. Elle demanda alors à Stan de s'approcher et lui chuchota à l'oreille. Elle lui révélait son petit secret, jusqu'où faire pénétrer ses doigts, comment les bouger, à quel rythme. Elle l'embrassa voluptueusement pendant que ses mouvements s'accéléraient progressivement sans jamais être rapides, comme des vagues filmées au ralenti. Ils devinrent plus intenses, plus lents aussi et soudain le visage de Lucie se crispa, elle s'arc-bouta, cria, un liquide abondant jaillit d'entre ses cuisses, inondant les draps. Elle continua de gémir, longuement.

— À toi, Stan, prends ma place, interpela Eléanore avec un franc sourire !

Stan s'exécuta, lui sourit, puis sourit à Lucie qui ferma les yeux et bascula la tête en arrière.

*

En milieu d'après-midi, le trio cessa ses jeux, chacun ayant généreusement jouit et fait jouir les autres. Le temps était au repos et aux confidences. Pendant que Lucie s'était endormie, Eléanore raconta en quelques mots l'histoire de sa soumise. Lucie était d'origine berbère. Elle avait été vendue à l'âge de onze ans à un vieux « calife » comme il se complaisait à se faire appeler, pour compléter son harem. Oui la traite des femmes existait encore et Lucie avait eu le malheur de correspondre aux goûts de ce vieux salaud. Une petite fille amazighe, considérée comme une femme. Elle avait de grands yeux qui faisaient fondre les cœurs, la finesse de la beauté, des bras solides, la poitrine généreuse, les hanches larges, les cheveux soyeux, les joues lisses, une petite bouche et l'innocence. Tout s'achète. Les femmes pour en faire des esclaves. Et les esclaves pour en faire des femmes libres.

—Les hasards de la vie ont fait que j'ai pu agir sur ce deuxième volet. Elle s'appelait originellement Dihya, un joli prénom amazigh, mais chargé de sa terrible histoire. Alors, comme il est de coutume dans certains pays, elle s'est autorisée à le modifier pour changer son destin, et quel plus joli prénom que Lucie qui vient de Lux, en latin… la lumière ! Aujourd'hui, tu l'auras compris, Lucie est ma « soumise », et c'est un jeu auquel nous consentons toutes les deux en totale conscience. Dans les faits, je suis autant soumise à elle qu'elle ne l'est à moi, si je ne le suis pas plus. Je l'adore et dans sa vie privée « ailleurs », comme je te l'ai dit, elle est « maîtresse » et c'est donc elle qui soumet ses partenaires ! Et puis comme tu l'as vu, c'est aussi une « maîtresse-fontaine » ! Elle mima le jet entre ses cuisses ouvertes. « Fontaine », je t'explique, tu veux ?

Stan arbora de grands yeux curieux, un sourire épanoui et abonda en hochant la tête.

— Bien, je fais simple parce que sinon, on va rentrer dans des détails anatomiques interminables. Il y a trois niveaux de jouissance chez la femme.

Le premier, c'est juste la lubrification, la cyprine, comment dire, très fournie.

Le deuxième, c'est l'éjaculation féminine, un liquide transparent comme de l'eau, plus important... Ce sont les glandes de Skene qui se situent de chaque côté de l'urètre qui le sécrètent - Elle sourit.

Les glandes de Skene, oui, je me souviens, l'interview de Nitouche ! Pensa Stan.

Et puis le troisième niveau, hum, c'est quand les points G sont stimulés, parce que oui, il y en a plusieurs. En même temps, cela dépend des femmes, clitoris, vagin, glandes de Skene et là, c'est la fameuse femme fontaine, avec un jet parfois très important qui sort par l'urètre. On pourrait parfois remplir un verre, voire deux ! Le liquide a un aspect clair et comme tu l'auras compris, s'il sort de l'urètre, c'est qu'il provient de la vessie, mais ce n'est pas de l'urine ! Il y a bien un peu d'urée mais c'est anecdotique. C'est très important de prévenir ta partenaire si elle va le découvrir, ça permet d'éviter les "blocages". Ainsi, quand tu as confiance en toi et confiance en ton partenaire, on touche à la magie, on a une sensation de chaleur, de pression, de tension extrême jusqu'au relâchement total, on perd le contrôle et dans le monde de fou dans lequel on vit, c'est précieux ! Bon, je ne te cache pas que certaines femmes parviennent très bien au même résultat aussi seule - Elle rit - Bref, ce que tu dois aussi savoir, c'est que les études menées sur le sujet sont très récentes et encore un peu soumises à controverse. Retiens l'essentiel : nous, on adore ça, et tu dois assumer ton rôle de sourcier !!

—Cool… Si j'ose dire !

—Haha, bien vu, oui cool !

—Si je résume les trois niveaux avec "mouillée, trempée, inondée" j'ai bon ?

—Ah mais oui, bravo, j'adore !!

—Et pourquoi « Skene » au fait ?

—Alors je sais juste que c'est un médecin qui a fait cette découverte et qui a donné son nom à ces petites glandes.

—Je le note - répondit Stan en souriant – peut-être autre chose à me raconter pour que j'augmente mes connaissances dans cette… nouvelle matière ?

—Ah, ça me fait très plaisir que tu sois aussi captivé par cette discipline. En même temps, notre séance multi orgasmique m'a bien fatigué, désolée... Alors, avant de me laisser un peu aller dans les bras protecteurs de Morphée, et parce que c'est toi, je te livre encore un petit secret qui n'a l'air de rien, mais tu n'imagines pas combien, nous, les femmes, y sommes sensibles : n'hésite pas à leur chuchoter des mots à l'oreille pendant l'amour. Ceux qui te viennent, ou bien ceux qu'elles t'auront confiés parce que tu auras eu la courtoisie de le leur demander. Allez, à plus tard Stanislas. Elle se recroquevilla sur le côté.

Stan était encore bien réveillé. Il contemplait le corps des deux femmes endormies, paisibles, sourire aux lèvres. C'était tellement simple, finalement. Et non, il ne rêvait toujours pas. Il se pencha sur Eléanore, lui caressa tout doucement la tempe du bout de l'index. Elle pivota légèrement, enfouit son visage dans l'oreiller, passa machinalement sa main dans ses cheveux qu'elle ramena vers leurs racines, découvrant sa nuque.

Tiens, elle a un petit grain de beauté juste là, sur la nuque, derrière le pavillon de l'oreille.

Il se plaqua derrière elle en chien de fusil, ferma les yeux et s'endormit à son tour.

M. Charles regardait rarement la télé. Mais il se sentait fatigué. Plus qu'à l'accoutumée. Regarder un petit quelque chose avec du blabla lui permettrait de s'endormir plus facilement.

—Et donc, Monsieur Factieu, sans « X », votre nom de plume, je suis étonné, pour ne pas dire déçu, de constater que dans votre nouvel ouvrage, vous vous exprimez, par l'entremise de Seb Itieu, sans « X », encore un de vos « bons » jeux de mots, haha je ris. Seb Itieu, votre personnage principal qui est donc peintre, se moque de cet art contemporain pourtant enchanteur, créativo-réflexif, qui permet à tout un chacun de conceptualiser le monde qui nous entoure, nous forçant, pardon, nous aidant avec bienveillance à altérer, pardon, à améliorer nos prismes normatifs pour enfin voir-percevoir la réalité telle que la médiocrité populaire nous la cache. Je vous lis : *Seb s'était présenté au vernissage de sa propre exposition en « chaussettes-sandales », affublé de guenilles que n'auraient pas renier les gueux d'antan. Sous ses œuvres, il avait fait installer des cartels, tous semblables, qui mentionnaient :* [Voici mon pourquoi de mon comment de mon concept : les mots, quels qu'ils soient, ne peuvent être, au mieux, qu'une forme de pléonasme sémiologique restrictif, mais puisqu'il est de bon ton de s'y astreindre, le voilà dévoilé : il te suffit de sélectionner, au hasard, neuf mots parmi les quinze situés dans la case ci-dessous, de les agiter vigoureusement et de les lire : le concept apparaîtra alors sous tes yeux ébahis.

- Et dans cette fameuse case, l'on pouvait lire :

cosmogonie, oxymore, paradigme, aplacophore, boustrophedon, callipyge, dynamogénie, exondation, foutriquet, kakorrhaphiophobie, litote, mithridatisation, oryctérope, valétudinaire, art.

Je continue de vous lire : *Vint le temps du petit discours de l'artiste, qu'il déclama sur un ton d'une parfaite et insipide neutralité.*

Chers vous, cher toi, cher toi, cher toi aussi, chers tous. Merci de vous être déplacés. En si grand nombre. Je me sens si peu digne de cet honneur. Merci encore. Je sais que certains d'entre vous attendent probablement que je m'épanche sur mon côté sombre, mes blessures, mes failles, les mauvais sorts qui s'abattent quotidiennement dans ma vie et font de moi un artiste maudit. Je sais. Mais laissez-moi vous raconter cette brève anecdote, selon laquelle un jour, précisément lors d'un de ses vernissages, le célèbre Magritte fut questionné devant l'une de ses toiles par un critique d'art qui lui demanda, en fixant l'œuvre avec gravité : « Monsieur Magritte… Mmmmmh… Mais qu'y-a-t-il donc derrière vos œuvres ? À quoi Le peintre répondit sobrement : « le mur » et laissa le pauvre critique à son désarroi. Merci encore d'être venu et bonne exposition.

— Et donc, M. Factieu, voici ma question : pourquoi ce dédain de l'art contemporain et pourquoi, plus largement, avez-vous opté pour un scénario aussi simple, pour ne pas dire simpliste ?

L'écrivain invité ce jour-là était affalé dans un spacieux fauteuil en cuir et regardait son interviewer en souriant. Il éclata d'un rire tonitruant qui fit grésiller les micros et repris un air sérieux et impassible.

— Tu sais mon ami, je te connais. Je sais qui tu es. Toi, tu n'es pas un être simple, encore moins simpliste, n'est-ce pas ? Tu es un être d'une extrême complexité. Je dis bien complexe, pas compliqué. Compliqué, c'est un avion de chasse. Tu le démontes, tu peux le remonter. Pas facile, mais faisable. Complexe, c'est un plat de spaghetti. Tu le vides. Tu ne pourras jamais le recomposer à l'identique. Tu es complexe comme ce plat de nouilles, et pas le moins du monde complexé par ta complexité, c'est bien ça.

— Mais enfin je…

— Chut, on ne m'interrompt pas ! Tu n'es tellement pas complexé que tu penses qu'il s'agit d'une qualité. Rare. Et qu'il faut que tu en fasses profiter les autres. Analyser, décrypter, expliquer. Le tout du haut de ton indécente suffisance. L'art contemporain, mais c'est d'la meeeerde ! s'emporta M. Factieu en agitant les bras comme les pales d'un moulin dans un ouragan !

— Mais Monsieur, je vous en prie et sachez que - L'invité le coupa sèchement !

— Silence quand je parle, qui est invité ici nom de Dieu ??!! Sachez, sachez, ah mais merde à la fin, les « sachants » me broutent les miches ! L'art contemporain. J't'en foutrais moi du concept ! Tiens, je vais chier sur ta tête, te prendre en photo et appeler ça : « critique, mais quel métier de merde » !! Critique. Non mais tu te rends compte que ton « boulot », c'est de critiquer le travail des autres ??!! Et quoi, tu te crois utile ? Je suis sûr que tu te crois même indispensable, espèce de bouse de nouilles fraîches sur pattes !

— …

— Mais à quel moment, à QUEL MOMENT cette activité d'artiste raté est-elle devenue un métier ? Tu sais quoi Nounouille 1er, je serais toi je rajouterais une couche de complexité à mon mille-feuilles de lasagnes en étant l'inventeur, imagine ton niveau de célébrité qui va grimper en flèche, l'inventeur du métier de « critique de critique ». Tu possèderas le monopole et quand tu auras bien descendu tes confrères, tes cons d'frères, tu termineras ta carrière en apothéose en te critiquant toi-même !!

M. Factieu tourna le regard vers la caméra, tendit l'index vers le journaliste lui signifiant clairement de garder le silence et poursuivit.

— Toi qui nous regarde, je t'en prie, ne les écoute plus, laisse-les se noyer dans leur complexité vomitive et fais-toi ta propre idée. Bien sûr, tu as le droit de ne pas aimer telle ou telle œuvre d'art, assurément, mais ce doit être TON avis, TES tripes qui parlent, TON cœur qui s'exprime. En revanche, juste un conseil si tu veux bien avant que je ne disparaisse des plateaux télé : pense seulement que derrière il y a presque toujours un vrai travail, de vraies heures de sueur et de sincérité, et qu'un artiste qui montre ses œuvres, c'est comme s'il se mettait à poil au milieu d'un carrefour parisien, ça mérite le respect et donc, ne jamais dire « C'EST moche » … mais

« JE trouve ça moche ». Tu comprends ? Allez sur ce, je retourne à ma machine à écrire ! Salut la compagnie. Quant à toi, ajouta-t-il en fusillant son interlocuteur du regard, grrRRRrrrr...

L'ours se leva d'un bond, fit un doigt d'honneur au critique qui était blanc comme un linge d'hôpital propre bien rangé et mutique comme... un linge d'hôpital propre bien rangé !

M. Charles rit à plusieurs reprises et avait même tendu le poing serré vers l'écran en adressant au critique une volée de jurons. Il était ravi d'avoir pu être témoin d'une aussi exaltante et juste correction en direct ! De fait, il ne s'était pas du tout endormi. Il sortit son petit ordinateur portable caché sous son matelas, ouvrit son navigateur puis le moteur de recherches et écrivit : *métier critique art date premier.*

« Apparu au XVIIIe en France, le critique d'art fait et défait les modes artistiques au XIXe avant de tomber en disgrâce début XXe avant de se réinventer complètement."

Alors *là je crois que ce sympathique M. Factieu vient de le refaire tomber en disgrâce !*

Et M. Charles s'endormit comme une masse.

Stan ouvrit un œil. Il s'était réveillé une première fois au cours de cette sieste, Eléanore et lui avaient encore discuté de sexe, toujours aussi librement. Elle lui avait expliqué bien des choses que les hommes ignorent le plus souvent, involontairement, à cause de cette fichue norme, cette fichue éducation restée bloquée du côté du « judéo-chrétien ». Après avoir délicieusement évoqué leurs expériences communes de trios avec une autre femme et elle, Eléanore aborda très logiquement celui des trios avec deux hommes. Stan n'en fut pas étonné. Sa « prof » lui parla de la femme qui, dans cette configuration, était trop souvent considérée comme un simple objet sexuel ne servant qu'à valoriser les performances de l'homme au regard de l'autre homme qui participait, et réciproquement. Évidemment, elle préférait de loin deux hommes qui s'occupaient réellement du plaisir de la femme. Dans ce cas-là, on pouvait alors parler de « trio à la Reine ». Symboliquement, pour une fois, ils devenaient les jouets du plaisir de la femme. Face à ce « tandem du même sexe », elle se retrouvait alors au centre du monde. Elle développa.

— Les femmes évoquent rarement ce fantasme car elles craignent d'être prises pour des salopes et dénigrées, vilipendées. Tu vois, même encore aujourd'hui, un homme qui enchaîne les conquêtes, c'est un Don Juan, il est valorisé, une femme qui a plusieurs amants, elle devient une salope avec tout ce que ce terme a généralement de dégradant, sauf quand il est utilisé précisément à contre-sens, pour exprimer en toute connivence et une forme de tendresse que la femme est décomplexée et qu'elle assume pleinement son désir. Bref, retiens ça Stanislas, la femme est tout aussi légitime que l'homme lorsqu'elle a son désir propre, aussi légitime que lorsqu'elle assouvit ses fantasmes si le cœur lui en dit.

Eléanore lui narra ses expériences en la matière, ses souvenirs très doux, ces quatre mains, ces deux sexes, ces doubles attentions, cette excitation qu'elle ressentait encore rien qu'en en parlant. Personne n'avait alors perçu un quelconque délaissement ou une mise de côté, l'envie était équitablement partagée. Et puis, elle n'avait pas été là durant ces jeux que pour faire jouir ses partenaires, comme par « devoir », non, elle était mue par une saine envie de jouir et de faire jouir et aussi l'envie, qu'elle ne refoulait plus, de séduire plusieurs partenaires en même temps.

*

Stan savait désormais que le sexe constituait une « zone libre », qu'à ce titre elle était précieuse, que tout y était possible dès l'instant qu'il y avait, entre tous les partenaires, quel que soit leur nombre, respect et consentement conscient. Il accepta volontiers la proposition d'Eléanore de participer à son tour à ce fameux « trio à la Reine ». Il n'eut pas à attendre longtemps, elle lui présenta plusieurs hommes sur sa tablette, leur physique, leur caractère. Stan pointa son doigt sur la photo d'Adam. Il le trouvait « sympa » avec une bonne bouille un peu ronde, des joues proéminentes, de petits yeux rigolards, peu de cheveux sur un crâne en forme de demi-mappemonde. Il se disait que ça pourrait être un bon pote. Il n'y avait pas de hasard, Adam était libre ce jour-là.

Deux heures plus tard, ce fut la mise en pratique. Stanislas fut surpris de son propre comportement, il avait évoqué son doute avec Eléanore car il se considérait totalement hétérosexuel. Elle le rassura, lui expliquant que le partenaire choisi, Adam, l'était tout autant et qu'il s'agissait bien pour ce jeune homme comme pour lui d'entrer dans une danse exclusivement dirigée vers elle et qu'elle saurait les guider, en douceur, sans aucune obligation.

Ce fut le cas. Il avait échangé les numéros de téléphone avec le gentil joufflu, ayant en commun le goût des belles voitures, surtout anciennes, Adam en possédant même une, une Renault Ondine, la version un peu « luxe » de la Dauphine, gris métallisé, de 1961.

À quel moment j'aurais pensé vivre ça ? C'était... Voir Eléanore comblée par ces incessantes vagues de plaisir. Et puis un « copain ». Tout arrive ?

Aussi inattendu qu'agréable en définitive. Stan ressentait à cet instant précis la soudaine impression d'avoir déjà vécu plusieurs vies et que s'il écrivait ses mémoires maintenant, sans mentionner son âge, les journalistes qui viendraient l'interviewer seraient surpris de ne pas avoir affaire à un homme d'âge mûr.

Stan somnolait vaguement dans le train du retour. Lorsque M. Tidjeuns l'avait amené à la gare, il s'était arrêté chez le marchand de journaux pour y prendre de quoi lire, puis à la petite boulangerie pour s'offrir un pain aux raisins bien moelleux. Il faisait la queue derrière plusieurs clients quand il reconnut à l'approche de la caisse M. Mazière. Le « vieux corbeau » s'exprimait avec conviction d'une voix assurée qui ne chevrotait plus, agrémentant ses propos de grands gestes. Il était droit comme un « i », fringuant, bien habillé. Il l'entendit expliquer qu'il avait la semaine prochaine un nouveau contrat pour aller jouer une belle pièce de théâtre dans laquelle, contrairement à son précédent contrat, pourtant particulièrement bien rémunéré, il ne jouerait pas un centenaire !

Le jeune étudiant avait tout fait pour éviter que leurs regards se croisent et s'était amusé de cette « anecdote ». Après tout, peu importait ce « stratagème », il le trouvait carrément génial, surtout qu'il en avait été, finalement, le grand bénéficiaire !

Il regardait le paysage défiler par la vitre, détendu comme il ne l'avait jamais été. Aucune pensée sombre à l'horizon, aucune question « existentielle » tournoyant bruyamment dans son esprit, pas plus que turpitude rongeant méthodiquement son mental. Une nouvelle sensation le submergeait. Il se hasarda à l'analyser, y poser des mots. Mais ce fut éphémère, comme lorsque l'on aperçoit le vol d'un martin-pêcheur, à peine le temps de réaliser et hop, il n'est déjà plus là. Il restait la magie du moment, prégnante et vivace. Il réalisa que sans s'en rendre compte, il se moquait de lui-même et de ses travers qui s'estompaient. Alors cette "sensation nouvelle" qui l'étreignait, il se fichait bien de la nommer !

J'aime ça, en fait, ne pas mettre de mots. Ne plus chercher à tout comprendre, tout expliquer. Juste ressentir. Merde, c'est vraiment trop cool !

Il repensait à la dernière conversation avec sa « dépuceleuse » tandis que le rythme régulier du train le berçait doucement. Cette histoire de mots…

— Tu sais, pas toujours besoin de parler. lui expliqua-t-elle pendant une petite pause « goûter », sur la terrasse. Nul besoin d'en dire toujours plus, parfois, chercher à percevoir l'autre suffit et les mots deviennent superflus. Si on est dans l'instant présent, pleinement conscient alors suffit de se connecter mentalement, c'est plus jouissif que des paroles car on sait ce qu'on a à savoir et on est pleinement confiant. Les paroles servent souvent à masquer, à dissimuler… Tu n'as pas besoin de me parler pour les choses essentielles, je les ressens, même si parfois les entendre est agréable et que c'est une forme de réconfort.

— Je note ! répondit énergiquement Stan.

— Je sais, je sais que tu écoutes, que tu entends, que tu retiens. Ça me fait du bien - ajouta-t-elle en tendant la théière. Tu en veux encore beau jeune homme ? Elle souriait.

Stan ne répondit pas. Eléanore se resservit et lui sourit de nouveau.

—Voilà, c'est exactement ça, même ces petits riens, maintenant que l'on se fait confiance, on les ressent sans parler. J'ai senti que tu ne souhaitais pas boire une deuxième tasse sans que tu m'envoies le moindre signe de communication, qu'il soit verbal, ou non. J'adore ça ! Veux-tu que je t'explique encore deux ou trois petites choses sur la vie des femmes ?

—Avec plaisir…

Stan arborait un sourire empli de malice.

—Une femme. S'il n'y a pas de sa part un signe, un regard, vous, les hommes, restez souvent crispés, craintifs, méfiants. En fait, vous n'êtes pas en confiance, c'est vrai que certaines femmes ne mettent pas toujours en confiance, peuvent paraître froides, distantes, moqueuses, pas sympas, connes, si si - insista-t-elle ! Mais ce sont des façades, des défenses, des attitudes ou bien un jeu très fréquemment, ou encore une perturbation passagère de leur humeur !

Sa prof continua de lui donner des clés, aborda aussi la frustration sexuelle des hommes qui, selon elle, lorsqu'elle était importante pouvait altérer leur comportement. Un homme naturellement gai et joyeux pouvait devenir sombre et agressif s'il était privé trop longtemps du plaisir de la jouissance sexuelle. Certes, il n'y avait pas de norme dans la durée, pour les uns quelques jours de frustration suffisaient à altérer leur comportement, pour d'autres plus endurants il fallait plusieurs semaines, voire beaucoup plus.

*

Quand Stan ouvrit les yeux, il n'était toujours pas arrivé. Il s'étira et constata que la configuration du wagon avait évolué. Les rares passagers qui étaient montés avant, ou avec lui, étaient descendus et seule une femme était montée pendant son sommeil. Elle était installée de l'autre côté du couloir, trois sièges plus loin, dans l'autre sens. Il scruta son visage, juvénile, en forme d'ovale. Une expression légèrement boudeuse, des traits fins, un petit nez rond. Des mains blanches, des ongles translucides au pourtour un peu rouge. Avait-t-elle usé trop rapidement du dissolvant ce matin ?

Elle croisa furtivement son regard, passa la main dans ses longs cheveux pour les faire passer derrière l'autre épaule. Ça avait l'air… presque naturel. Elle regarda au plafond, d'un air innocent, la tête nonchalamment penchée sur le côté. Deux doigts sur la tempe. Des mèches châtain et raides tombaient verticalement. Elle se redressa un peu. Referma son cahier. Elle travaillait peut-être. Elle repassa une main dans ses cheveux, jouant avec leurs pointes. Croisa furtivement le regard de Stan qui ne la quittait pas des yeux. Elle rouvrit son cahier, pris son stylo, se pencha, obliquement. Elle le tenait à sa manière. Le stylo entre le majeur et le pouce, l'index relevé comme une antenne. Un petit bout de langue sortit entre ses lèvres serrées, signifiant sa grande application. Elle se sourit à elle-même, ouvrit la bouche. Stan remarqua une incisive plus longue que l'autre. À peine. Assez pour lui donner du charme. Si elle en manquait.

Le train ralentit et elle rangea précipitamment ses affaires, fit tomber son stylo, regarda Stan d'un air gêné. Le jeune homme lui sourit franchement, elle se leva en lui rendant son sourire. Une silhouette presque mince, féminine, ses longs cheveux descendaient au milieu du dos. Elle se pencha fébrilement sur la tablette, griffonna, mit le stylo dans sa poche, emprunta le couloir pour sortir. En arrivant à la hauteur de Stan, sans le regarder, elle déposa sur son journal ouvert le billet de train sur lequel elle avait griffonné Jade et son numéro de téléphone.

Stan regarda longuement les huit chiffres.

Je comprends pas tout ce qui arrive, mais bah, eh, je m'en fous pas vrai ? C'est juste cool et point barre !

Il revoyait la petite canine joueuse de la séduisante passagère. Elle lui rappela le sourire d'Énora. Il la revoyait alors au cours de ses différentes rencontres à la Belle époque, son esprit galopait librement, il sentait des ondes le parcourir, des pieds à la tête, s'en étonnait, acceptait, y pensait de nouveau, ressentait en fermant les yeux. Stan sourit, rangea le billet dans une de ses poches, puis prit son journal et en parcourut la table des matières. Une rubrique était consacrée aux prénoms bretons. Léna, Louane, Gwenaëlle, Liza, Énora.

Putain c'est pas vrai ! Je comprends rien… ou ... y'a rien à comprendre… Lâche prise Stan, lâche prise, laisse aller, respire, accepte…

« Si on est dans l'instant présent, pleinement conscient alors plus besoin de parler à l'autre ou à soi-même d'ailleurs ». Les pensées d'Eléanore revenaient avec insistance.

Allez hop, instant présent, c'est parti !!

Prénom Énora, dérivé du terme latin "honorus" qui signifie "noble" et dérivé du prénom irlandais Honora… Indépendante et passionnée… Femme de caractère… Personnalité affirmée, extravertie, bavarde, joyeuse, rayon de soleil, esprit vif, soif d'indépendance, sait se faire entendre… pas du genre à se laisser dicter sa conduite, n'affectionne pas la routine et n'a de cesse de pimenter sa vie. Tempérament aventureux, n'hésite pas à tenter de nouvelles expériences, quitte à se brûler les ailes… franc-parler. De nature méfiante, il faut lui prouver sa sincérité pour qu'elle accorde sa confiance. L'amoureux d'Énora ne devra être ni jaloux ni possessif sinon il risque d'être malheureux, car elle n'est pas du genre à se laisser enfermer. Énora a une vision plutôt moderne du couple, elle crée ses propres règles et recherche un homme capable de la comprendre.

Bon, une chieuse quoi. Énora est donc une jolie chieuse.

Couleur, orange, numéro de chance, le 8, pierre précieuse, la topaze. Prénoms approchants : Énorah, Enoa, Enory, Eléonora, Enrika, Era, Enricka, Enéa

Wahou… Et revoilà Eléanore. Je suis dans un film ou quoi ??

—

« La vie est courte » entendit-elle. Oui. Il fallait tenter de profiter, chaque jour. Et de se souvenir du "Vis ta vie aujourd'hui comme si tu allais mourir demain". Oui !

"Respire, Chavire"
Dans le ventre de la terre il y a des vapeurs d'éther
Sous l'écume de la mer il y a des plumes légères
Dans le ventre de la terre il y a des êtres chers
Sous l'écume de la mer il y a peut-être mon père
Dans les courants fébriles, fragiles sont les villes
Sous l'argent facile, meurent les enfants gracile
Au triste milieu des étoiles il y a des navires sans voiles
Sous les voûtes végétales il y a des pensées lacrymales
Au triste milieu des étoiles il y a des fleurs létales
Sous les voûtes végétales il y a un cœur tombal
Respire Inspire Respire Expire Respire Chavire
Profite avant que ce ne soit pire
Respire Inspire Respire Expire Respire Chavire
Une dernière fois ... avant de partir

—

—Oh, toi… il s'est passé « quelque chose » ce week-end… - M. Charles insista pesamment sur le « quelque chose » en y ajoutant un petit sourire narquois - Tutut, ne me réponds pas tout de suite… Mais sache que je sais flairer ce genre d'évènement, sans forcément en deviner la nature, quoique… Et je te propose de passer outre mes petites anecdotes dominicales pour te laisser l'entière Jouissance de ta narration. Je suis tout ouïe.

Il se cala profondément dans son fauteuil, afficha un air ravi en écarquillant exagérément ses petits yeux de taupe, frotta ses pouces sur les dés qui sommeillaient dans ses mains et attendit.

—Haha, oui ! Oui M. Charles… Enfin… Oui, il s'est passé un truc, des trucs. Vous n'allez pas me croire : d'abord je dois vous avouer que je me sens prêt à vous le raconter sans me poser de questions sur ce que vous en penserez !

—Oulah, tu me brusques - ajouta le vieux en esclaffant ! - Ne te gêne surtout pas !!

—Oui oui, je ne vais pas me gêner ! Donc je me sens prêt à vous le raconter sans me poser de questions sur ce que vous en penserez et en plus ça me fait plaisir !

—Attends attends, là ça fait beaucoup en une seule dose !

Le centenaire, sous un air faussement sérieux laissa instantanément place à un rire franc et communicatif que Stan s'empressa de prolonger !

—Alors, alors, tenez-vous bien… l'autre centenaire que j'ai rencontré, le polyèdre, ma prof, ses copines, les motos, le train, tout…

—Je suis bien accroché, vas-y, fonce !

Ça y est c'est parti, à la bonne heure, on va enfin pouvoir parler entre hommes !!

Et Stan reprit la chronologie de son incroyable week-end. À chaque nouvelle anecdote, M. Charles l'encourageait, le félicitait, lui octroyait un vingt sur vingt, pointait son émancipation, se réjouissait de ses jouissances, l'applaudissait, le congratulait. Stan était essoufflé quand il eut terminé, comme le vainqueur d'une course mêlant cent dix mètres haies, steeple-chase pour humains et marathon !

Ah le p'tit con, il va me faire pleurer de joie, bien vu !! Allez, à moi de jouer !

– Ah mon grand, mais quelle épopée, pleine de plaisirs, de révélations et de saine débauche ! Je sens que tu es mûr pour une petite révélation supplémentaire.

—Vous me faites peur…

—Tsss, ne bouge pas et regarde, c'est un tour de magie !

Putain, il va faire apparaître l'autre folle de Mesquin dans sa piaule et l'envoyer sur Mars !

Et tout comme le jour où Énora en fut témoin, M. Charles, dans un mouvement lent et plein d'assurance, agrippa les accoudoirs de son fauteuil, poussa fermement sur ses bras et bascula son corps tout entier vers l'avant en même temps qu'il prenait de la hauteur : il se tenait debout !

Stan n'eut pas le temps de réagir. Tandis qu'il tentait de comprendre ce qui advenait, M. Mériadec l'avait soulevé de sa chaise et pris dans les bras. Chacun sanglotait sur l'épaule de l'autre. Stan pris la parole, enfin… Essaya.

—Vous… !

— Hé hé, oui, moi !

— Ah vous m'avez bien eu, putain… Gast !

— Gast oui mignon !! C'est une de mes spécialités !

Et ils partirent tous deux dans de grands éclats de rire, perturbés cycliquement par des pleurs et de longs soupirs bruyants, se moquèrent respectivement de leurs gouttes aux nez et partagèrent une bonne demi-boîte de mouchoirs en papier.

— Bon, Stan, on va enfin pouvoir parler entre hommes, mais quel bonheur, merci p'tit gars, c'est tellement bon de te voir souriant, communiquant, confiant ! Et pour fêter ça, je veux, tu m'entends, je veux que tu me tutoies !

— OK comme vous… comme… tu... voudras !

Je tutoie Eléanore, je tutoie M. Charles, à qui l'tour ?!

Les deux hommes poursuivirent leurs échanges, M. Charles n'hésitant pas à se révéler, évoquant avec une dé fixant ante aisance ses expériences à Stanislas, passant de « je n'ai connu qu'une femme qui demeurait belle lorsqu'elle jouissait, toutes mes autres conquêtes furent littéralement « défigurées » par l'orgasme » à « le périnée est au plaisir ce que le doute est à l'humain. Pointe ta langue à cet endroit délicat et l'indécision te gagnera… tu hésiteras nécessairement entre les lèvres qui s'offrent à toi et, si proche, la petite étoile rose qui t'appelle »

— Mon Stan, maintenant je peux aussi te dire que j'entretiens une liaison résolument torride avec Marguerite Beauchâteau. Quelle petite cochonne, tu n'imagines même pas ce qu'on peut faire à nos âges !!

M. Charles se frottait les mains et insistait sur sa chevalière qu'il portait à l'annulaire gauche, la faisant tourner plusieurs fois sur elle-même.

– Génial, bah, vous…

– Tu !

– Tu me raconteras ça la prochaine fois, je prendrai des notes !! Et en attendant, je vous … je T'AI apporté une surprise !

– Aaaaaaah, enfin, passons aux choses sérieuses petit diablotin ! Ses yeux malingres venaient de s'illuminer pour la deuxième fois. Ça a forcément un rapport avec le sexe ?

– D'une certaine façon, oui !

– Un objet ?

– Oui

– Ancien ?

– Oui

– Représentant une femme, des femmes ? Attends attends, j'ai une intuition ! Il vient de chez toi, ton garage ?

– Oui

– Hum… un poster ?

– Presque

– Plusieurs posters ?

– En quelque sorte, oui

– Je l'ai, un calendrier Pirelli !!

– Wahou, Bravoooo !

Stan sortit la « surprise » de son sac et la tendit au facile vainqueur.

—Oh, magnifique. Dix… neuf cents… Quatre-vingts… Sept. Hé, ça a de la valeur ça tu sais ? - Le vieux s'empressa de le parcourir - tu sais que je les connais et celui-ci est résolument « exotique » avec ses photos sobrement intitulées « black is beautiful ». Mai, septembre, décembre… Hum, il y a un peu d'Énora dans chacune de ces photos non ?

Stan avait hésité sur l'année. En repensant à M. Charles, il s'était dit que 1991 offrait aussi une belle brochette de guerrières qui correspondait bien à son caractère pugnace. À l'époque, il lui avait été impossible de choisir, là encore se nichait une de ses nombreuses névroses. Mais depuis le Polyèdre, tout devenait simple, facile, évident, intuitif. C'était presque magique cette sensation de paix intérieure totalement nouvelle, les alternatives ne lui posaient plus de problème, il n'y avait plus de questions, juste des choix, des décisions. Enfin, surtout des décisions. Il avait compris cette différence essentielle entre choisir et décider. Avant il choisissait. Enfin, il essayait de choisir, en se basant sur des éléments rationnels, logiques, raisonnables, quantifiables. Depuis son retour de week-end, il décidait en fonction de façon irrationnelle, n'hésitant pas à se lancer sans se soucier de la suite, acceptant le doute et les incertitudes. Elle serait forcément en lien avec ce que son cœur, et non sa tête, lui disait.

—Je t'ai perdu ? relança M. Charles. Énora… Énora !

—Haha, oui, je pensais aux décisions que je prends maintenant… Oui. Énora. Oui… oui…

– Eh oui oui, bien sûr, ça y'est, tu y es ? elle est mignonne hein fiston, Énora, avoue… !

« Fiston », direct du gauche !

« Énora », crochet du droit.

KO émotionnel !

Eléanore Marinova s'était levée de très bonne humeur.

C'est un nouveau plaisir que je vais m'octroyer, et je le dégusterai en m'abreuvant à une nouvelle source !

Sans grande difficulté, elle avait convaincu Stan de la rejoindre pour une petite virée à l'extérieur, histoire d'élargir son champ d'action. Elle gara sa voiture sur le parking, un peu loin du centre mais peu importait, elle aimait marcher et la promenade était plaisante. Il faisait chaud, aussi s'était-elle habillée légèrement et confortablement. Nu-pieds plats, petite robe légère assez courte, en crêpe noir, avec un décolleté en V prononcé, fermé au bas par un nœud, excluant le port de soutien-gorge car trop visible. Elle avait effectivement fait plusieurs essais avant de sortir et opté « sans » car aucun n'allait vraiment. Un peu osé, mais elle se sentirait libre et voir les regards des mecs qui auraient une érection et celui des nanas qui la jalouserait… c'était excitant. Pour la culotte, elle avait aussi hésité, entre le slip standard, noir et le string, car le tissu de la robe épousait toutes ses formes y compris l'élastique de la culotte. Quant au string, elle ne les appréciait guère, elle avait donc aussi finalement opté « sans ». Elle sourit en se disant qu'elle ferait attention de ne pas s'asseoir n'importe où, à moins qu'on ne fasse précisément le contraire !

La voiture garée, elle se dirigea vers le centre-ville, une légère brise apportait un peu de fraîcheur et accentuait la sensation d'être nue sous sa robe, sensation de liberté, de légèreté. Elle était volontairement arrivée plus tôt afin de satisfaire son envie parfois irrésistible de shopping. L'élégante prof de fac ne savait pas ce qu'elle allait acheter, n'avait pas d'idée précise et n'en avait en vérité pas besoin. Juste envie. La vie était courte, alors ! Ah si, elle avait besoin de sous-vêtements peut-être, enfin, elle verrait bien au gré de ses déambulations.

Elle savait pertinemment qu'elle demandait un effort certain à Stan, les hommes détestent généralement accompagner les femmes dans les magasins, mais deux ou trois arguments dont elle avait la spécialité avaient suffi. Il était mûr ! Elle savait aussi que le jeune homme la guettait à ce moment-là, mais peu de probabilité qu'elle puisse le remarquer compte tenu de la densité de la foule des badauds à ce moment. Elle déambula, « léchant » plusieurs vitrines. Il ne devait être loin.

Enfin, elle passa devant lui. Vit qu'il remarqua sa poitrine libre. Elle l'imagina immédiatement en pleine érection. Comme convenu, il lui emboîta le pas en restant une dizaine de mètres derrière elle. Passablement excité, il matait de temps en temps les silhouettes de femmes qu'il croisait ou suivait, imaginant la forme de leurs seins, de leur sexe.

Eléanore bifurqua et se retrouva sur l'artère commerciale principale, s'arrêta devant quelques vitrines, beaucoup de vêtements, chaussures, décoration de maison. Elle poursuivit. Une superbe boutique de prêt à porter de marque qui soldait à 50 % ! Parfait ! Elle entra, sachant qu'elle y passerait du temps car les modèles lui plaisaient et les prix aussi. Elle choisit t-shirt, chemisiers, jupes, robes, pantalons, alimentant ainsi sa phase boulimique, elle avait envie de tout essayer. Au fond du magasin se tenaient six cabines dissimulées derrière des portants. Elle attendit que l'une d'elles se libère pour la squatter.

Elle savait que Stan l'avait vu entrer dans la boutique et savourait ce moment de filature secrète, sachant qu'il se demandait alors sûrement quelle stratégie adopter maintenant. Il parcourait donc les rayons et ne la trouvant pas, se dirigea vers les cabines. Il n'eut pas le loisir d'attendre : Eléanore apparut soudain, vêtue d'un petit pull à mailles ajourées, assez court, dos nu avec des ficelles croisées derrière, elle croisa son regard et se tourna vers la glace située à l'extérieur de la cabine. Il la voyait de dos et se retint pour venir se placer contre elle, collé, glisser ses mains de chaque côté et lui attraper les seins. Avec le pull qu'elle portait, une jupe longue et fluide, très transparente dans les gris-bleu très pâles il comprit que ce qu'il croyait être sa culotte n'était que la marque blanche laissée par le maillot durant ses expositions au soleil.

Stan sentit son sexe se raidir et pendant qu'Eléanore partait probablement à la recherche d'un autre produit ou d'une autre taille, il jeta furtivement un regard circulaire. Personne ne le regardait, il se glissa dans la cabine. Elle était vaste. Étrangement, le rideau du fond masquait une porte ouvrant sur une réserve. Un mince espace séparait le rideau de la porte, il se faufila opportunément dans l'interstice.

Eléanore était satisfaite de son essayage, avait bien aimé les transparences, la couleur... Le pull mettait en valeur sa poitrine avec son joli décolleté et les petites mailles faisaient ressortir ses tétons. Se voyant dans cette tenue, elle pensa à Stan et sentit l'excitation poindre entre ses cuisses.

Où donc est passé ce jeune étalon ? Il ne doit pas être bien loin, je retourne dans la cabine pour essayer les autres vêtements !

Elle retira pull et jupe, vérifia rapidement qu'elle ne mouillait pas trop afin de pouvoir poursuivre ses essayages. Stan tentait de ne pas bouger, tapi derrière le rideau qui s'ouvrait en son milieu. Il en écarta très légèrement les pans et vit sa prof glisser ses doigts dans sa fente, se retint de ne pas y glisser les siens. Il découvrait cet intense plaisir de regarder sans être vu, mais aussi la frustration qu'il s'imposait de ne pouvoir toucher.

Eléanore essaya les autres articles mais rien ne lui allait vraiment, inutile de sortir pour se regarder dans la glace. Finalement, elle décida d'arrêter là ses essayages, remis sa robe noire. Ses seins étaient gonflés, rendus légèrement douloureux par le désir, elle les massa légèrement pour les soulager. Rhabillée, elle se regarda de nouveau dans la glace, accentua sa cambrure.

Putain, c'est carrément sa spécialité de se cambrer comme ça et ça lui va trop bien, ces courbes... hum.

Elle sortit. Stan n'avait rien perdu du spectacle, hypnotisé par ses mains massant ces globes gonflés, le sexe toujours en érection à l'idée qu'elle ne portait pas de culotte. Il hésita une seconde avant de la suivre. Trop tard ! Une autre femme venait de rentrer dans la cabine. Piégé !

Oh putain, là je suis mal ! Si je me fais choper ça va être compliqué pour ma gueule !

Eléanore avait vu la femme entrer. Elle sourit franchement. La nouvelle locataire de la cabine accrocha plusieurs robes longues à la patère, posa son sac à main et commença à se déshabiller face à Stan. Elle était assez jolie, probablement une bonne trentaine, un mètre soixante-cinq environ, cheveux auburn relevés par une queue de cheval, la peau mate, la bouche pulpeuse. Elle enleva son pantalon, découvrant un triangle de dentelles blanches, cachant une toison foncée, soigneusement taillée, laissant deviner deux lèvres sombres. Puis elle défit les boutons de son corsage, révélant une poitrine opulente qu'enserrait un soutien-gorge blanc. Toujours face au voyeur, elle le dégrafa et libéra ses deux seins lourds à la large pointe.

Le cœur de Stan battait fort, crainte et excitations mêlées, il ne sentait plus son sexe tellement il avait durci. Il était au comble de son excitation quand elle se mit de dos. Il découvrit sa croupe généreuse surtout lorsqu'elle se baissa pour ouvrir son sac à main dans lequel elle cherchait quelque chose, lui laissant tout loisir de mater son anatomie sombre et luisante : à sa surprise, il constata qu'elle mouillait... Elle se releva enfin, se tourna de profil et s'aspergea d'eau de toilette. Ses seins lourds n'étaient qu'à quelques centimètres de son visage, il aurait presque pu les lécher.

Puis elle choisit une robe toute en dentelle, noire très transparente, l'enfila, la faisant glisser lentement le long de son corps, épousant chaque courbe. Arrivée au string, elle décida de l'enlever : string blanc sous dentelle noire, ça se voit. La robe moulait chaque pli de sa peau. Elle remit en place ses seins lourds puis se tourna face à lui.

Elle le regardait presque, savait-elle qu'il était là ? L'aurait-elle vu rentrer dans la cabine ? Ses mains glissaient le long de son corps, lissant le tissu. Se retenir devenait de plus en plus douloureux. Cela devint un supplice quand il comprit avec certitude qu'elle savait qu'il était là : elle venait de plier légèrement les genoux et écartait les jambes, lui laissant voir sa chatte, ses deux lèvres épaisses que recouvrait à peine sa touffe rasée. Elle recommença plusieurs fois ce même geste et s'attarda ensuite sur ses seins dont elle pinçait les tétons. La dentelle était tellement fine et ajourée que selon l'éclairage, on l'aurait cru presque nue. D'une main, elle la souleva légèrement, de l'autre elle glissa un doigt, caressa ses lèvres, sortit son doigt, le lécha et lança son regard dans la direction de Stan. Elle le fixait.

Stan décida de se libérer, défit les boutons de son jean, sa queue se dressa immédiatement. Il écarta les pans du rideau. Elle le regarda, continua à se caresser, puis s'approcha encore, s'agenouilla de profil, dégagea un sein du décolleté et lui fit comprendre qu'elle aimerait qu'il s'en occupe. Stan, toujours presque entièrement dissimulé derrière le rideau, sortit sa main et attrapa cet énorme globe, le pétrit, le malaxa, de l'autre main il avait envie de se masturber mais se retint. Elle se tourna face à lui, sortit ses deux seins du décolleté.

Masser, pincer, presque jouir, se caresser jambes écartées, se tourner, soulever sa robe, présenter sa croupe généreuse, l'offrir, ouverte, écarter le rideau, attraper ses deux seins à pleines mains, les pincer fort, brutalement la pénétrer…

Eléanore s'approcha de « son » ancienne cabine d'essayage, perçut des sons légers mais sans équivoque. La cabine adjacente était libre, elle y entra et lâcha ses dernières trouvailles, se déchaussa, posa un pied sur le petit banc, releva sa robe sur la cuisse. Son sexe était trempé. Elle commença à se caresser tout en approchant son oreille de la mince paroi qui la séparait des amants. Elle percevait leurs halètements réguliers qui ponctuaient chaque pénétration, de faibles râles sporadiques aussi. La succession des évènements l'avait particulièrement excité. À chaque coup de boutoir de Stan dont elle ressentait les vibrations au sol, elle était au bord de l'orgasme. Elle adorait le simple fait de les entendre et de s'imaginer avec eux. Elle jouit quand elle entendit le grognement sourd de Stan qui se retenait de ne pas crier pour ne pas alerter le reste du magasin et le petit cri de sa partenaire qui venait probablement de jouir aussi en se mordant les lèvres pour les mêmes raisons.

Stan entrouvrit le rideau de la cabine, sortit promptement en arborant un air hagard et satisfait, suivi par la petite jouisseuse dont le sourire béat en disait tout aussi long.

—Alors jeune homme, elle était comment Morgane ? lança Eléanore qu'il découvrit à sa gauche. En même temps qu'elle l'apostrophait doucement, elle approcha son index de ses lèvres. Stan les huma et émit un petit gémissement de contentement.

—C'est cadeau ! Elle rit avec malice.
Stan rit aussi, en continuant de respirer les effluves du sexe de sa prof qui subsistaient, tenaces, sur ses doigts explorateurs.

—Bien joué Eléanore, j'adore ! Puis il se tourna vers la jeune fille. Bien joué aussi, Morgane, j'ai adoré ! Morgane lui saisit la main et y glissa son string encore humide.
-- C'est cadeau et merci, lui répondit-elle l'œil encore coquin, moi aussi j'ai adoré, cher Stanislas…

Eléanore tendit un sachet au jeune homme.

—C'est pour ton goûter, tu l'as bien mérité petit polisson ! Allez, je dois filer. Elle l'embrassa dans le cou et disparut, emmenant Morgane par la taille qui lui fit un furtif clin d'œil agrémenté d'un petit geste de la main. Stanislas lança un « merciii » enjoué et reprit son chemin en sens inverse, tout en dégustant le beignet recouvert de sucre glace qu'il sortit du paquet. Il allait déambuler au hasard avant son rendez-vous prévu un peu plus tard.

Elle aimait les sentiments intenses. Elle les aimait même parfois tellement forts qu'elle les imaginait se déchaîner, tout emporter, jusqu'aux larmes.

"Dans la lande"
Par-delà le chemin, trempés sous le déluge
Devant eux, crevant les nuages, le refuge
Ils ont poussé la porte du grand phare
Haletants ruisselants et hagards
Derrière les hauts murs de pierre
Dressés fièrement sur la terre
Les amants du dernier jour s'affairent
Se mêlent sous l'écume et le tonnerre
leurs mots s'enchaînent
les vagues se déchaînent
Lèvres rouges, sang sur leurs bouches
Face à la mer, sous la douche du ciel
L'eau amère, roule et se couchent

Les larmes coulent comme du miel
Leur amour, eux seuls l'entendent
Et pendant que fornique la lande
Le vent blanc accouplé à la mer
Crache le ciel jailli de l'enfer
Enlacés, au sommet du grand phare
La lumière de son unique regard

Balaie les grands flots d'H2O
Qui dansent sur « Apocalypse Now »
leurs mots s'enchaînent
les vagues se déchaînent
Lèvres rouges, sang sur leurs bouches
Face à la mer, sous la douche du ciel
L'eau amer, roule et se couchent

Les larmes coulent comme du miel

—

Le plan à la main, Stan suivait tant bien que mal le labyrinthe griffonné à la va-vite par M. Charles. Il le lui avait confié la veille avant qu'il ne le quitte, après ses révélations du Polyèdre et son changement palpable de paradigme. Il lui avait dit de lui faire confiance et qu'il devait absolument se rendre dans ce bar « sympa », le lendemain en début de soirée. Stan devenu plus « ouvert » s'était dit « pourquoi pas, let's go ! ». Mais là, tout de suite, il râlait parce qu'il avait l'impression de rallonger le trajet, subissant une succession invraisemblable de changements de direction.

M. Charles, le roi des itinéraires à la con ! Bon, oui, ok, à son âge, bon, et il veut bien faire… Allez, on sourit !

Stan ne croyait pas si bien dire car effectivement, le vieux monsieur l'avait volontairement « guidé » dans les méandres parfaitement superflus du centre-ville. Ça l'amusait d'imaginer le garçon tout grincheux s'essoufflant inutilement dans l'allée Victor Hugo, dont le fort pourcentage la faisait ressembler, largeur exceptée, aux rues pentues de San Francisco. Stan arriva finalement au sommet de cette interminable montée, stoppa quelques secondes. Comme l'indiquait la flèche suivante, il emprunta ensuite la rue de la Princesse Anne. Alors qu'il se remettait à peine de son ascension, il entendit derrière lui : « Stan, Stan !!! », se retourna et aperçut, sortant la tête du Bar qu'il n'avait même pas remarqué, le sourire éclatant d'Énora. Elle portait des tresses couchées comme des écailles le long du crâne, verticalement, et celles situées à l'arrière retombaient le long du dos.

—Mais qu'est-ce que tu fais là ?! lui lança-t-elle avec entrain.

—Wahou, quelle surprise ! Bin c'est M. Charles qui m'a suggéré, bon, disons obligé - il rigola - à venir ici aujourd'hui et maintenant !

—Haha, excellent, sacré M. Charles ! Moi aussi figure-toi !

Elle disparut soudainement pour réapparaître aussitôt à l'entrée du bar comme un korrigan sortant joyeusement de sa cachette. C'était la première fois qu'il la voyait sans son « uniforme » d'infirmière. Elle était habillée avec une petite robe légère qui s'arrêtait au-dessus du genou, intégralement blanche, avec un col Mao en fines dentelles, des manches très courtes qui s'évasaient comme des corolles sur les épaules. Le blanc du tissu contrastait avec le caramel de sa peau. C'était aussi la première fois qu'il voyait ses pieds, au travers des lanières des sandales plates romaines, blanches aussi. Ils étaient tout fins et de profil « grec », le deuxième orteil légèrement plus long que le gros, et elle avait recouvert ses ongles de couleurs différentes qui répondaient très exactement à celles des grosses perles de son collier. Et… Énora portait des lunettes !

—Tu as des lunettes maintenant ? - lui dit-il, étonné.

—C'est juste pour le look, les verres ne sont pas correcteurs et je te rassure, j'ai une très bonne vue !

—Ah, ok, drôle d'idée quand même…

Tiens, un M. Charles bis, pensa Énora…

—La prochaine fois tu vas te mettre un appareil auditif juste pour le look ?

Stan souriait d'un air un peu moqueur, content de « faire de l'humour ».

—Ah mais dis donc tu serais pas ironique là par hasard ? lui répondit-elle en riant.

—Je plaisante t'inquiète, ça te va bien en fait !

On dirait M. Charles avec quelques piges de moins, hallucinant !

—Je m'inquiète pas va, t'inquiète !

Ils rirent tous les deux puis elle invita Stan à entrer et à s'asseoir avec elle et une amie, Tatiana, à qui elle demanda de se présenter. Curieusement, il ne l'entendait que par intermittence. Tatiana. C'était la première fois qu'il croisait ce prénom. Blonde. Très blonde. Cheveux très fins, léchant les épaules. Elle en perdait d'ailleurs. Stan, qui ordinairement ne remarquait rien chez les femmes, la dévisageait… De longs fils dorés étaient posés, nonchalamment sur un bras, un autre s'échappait en douce vers le dossier de la chaise. Stan en remarquait encore un serpentant sur le faux parquet. Il était à demi-dressé, porté pas d'infimes courants d'air, implorant sa maîtresse de pouvoir revenir auprès des siens. Tous avaient cette légèreté qui sied aux fées… Étrange flottement…Les filaments capillaires de Tatiana, comme les fils d'Ariane, le menaient-ils vers sa destinée ? C'étaient maintenant les lèvres de la fille de l'Est qu'il voyait bouger, palpiter, s'entrechoquer. Elle lui avait expliqué ses origines polonaises, son boulot de prof de danse. Elle enseignait auprès de différents publics, allant des enfants aux personnes âgées, en passant par des troupes semi-professionnelles et elle était passionnée de photo.

Elle était svelte. Mignonne. Un petit bout de nez, des yeux bleu acier qui lui faisait penser aux ciels orageux. Pourtant, elle parlait avec douceur, posément. Il ne lui manquait que la conviction. Stan sentait qu'elle récitait sa vie comme l'eut fait une bonne écolière. Appliquée. Il se disait déjà que son intérêt pour elle était disproportionné, à l'image de sa voiture, dont elle vantait les qualités : une petite citadine rouge rondouillarde, avec intérieur mi-cuir mi-alcantara, très tendance. Elle était garée devant le bar, avec ses deux bandes blanches longitudinales.

Pendant ce temps, Énora regardait Stan et se surprit à laisser courir son imagination… En quelques fractions de seconde, elle remarquait une infime trace blanche à sa commissure gauche, probablement consécutive à la dégustation d'une gourmandise partagée avec M. Charles. Son esprit fantaisiste dégaina instantanément. Elle voyait Stanislas écroulé sur un vieux sofa beigeasse et moisi, le visage et la ceinture défaits, la peau semée de croûtes. Une longue barbe pouilleuse nettoyait le parquet à chaque ballottement de tête. Il regardait, les yeux vitreux, le sol que des lignes d'héroïne dessinaient entièrement d'un immense labyrinthe. Le pauvre se questionnait depuis trois jours pour savoir par où il allait commencer. Puis il se levait en titubant, contournait le tracé poudreux et rejoignait le centre d'une grande cuisine située au rez-de-chaussée. Il n'était alors plus affublé que d'un superbe tablier en lin naturel, ornementé d'arabesques évoquant une scène champêtre. Une vieille rombière entrait, habillée de haillons, outrageusement maquillée, s'essayant maladroitement à la marche bipédique sur échasses à talons trop hauts… Elle s'approchait de lui, et commençait à lui empoigner les fesses qu'il avait donc à l'air, pendant qu'il s'occupait de la pâte du gâteau. Sa bouche collagénisée ventousée à son oreille susurrait, de son haleine vineuse et putride « humm, mon chou, pétris-moi tout ça comme tu sais si bien le faire… ».

Énora en frissonnait, hésitait entre le dégoût de la fin de la scène et le plaisir de voir le cul de Stan. Elle se demandait comment de telles images pouvaient bien naître dans son cerveau quand sa créativité reprit le dessus.

La rombière insatisfaite venait de le défenestrer. Le pauvre étudiant commotionné errait maintenant dans un hôpital polonais délabré, sans fenêtre. Les murs étaient recouverts de mousse verte et d'innombrables feuilles d'arbres automnales dansaient dans le long couloir. Soudain, une terrible déflagration pulvérisa tout l'étage. Les patients étaient constellés de mousse, de feuilles, de terre. C'est à ce moment précis que, voyant Stan de profil, elle remarquait son lobe potelé et tout rose.

Trop mignon, j'aimerais bien le tripatouiller, le malaxouiller, le léchouiller…

Énora replongea dans son onirisme éveillé. Stan se tenait droit, hébété au milieu des décombres. Elle lui prit la main, l'entraîna vers la rivière située en contrebas des ruines de l'hôpital, lui ôta son tablier. Le voilà nu, partiellement recouvert d'humus et de végétation humide. La lumière était douce, il faisait bon, seule la musique du cours d'eau accompagnait celle des chants des oiseaux revenus pour fêter le calme et la sérénité du lieu. Elle l'accompagna dans l'eau tiède, tout habillée dans sa tenue d'infirmière. Une fois dans l'eau jusqu'à la taille, elle le nettoya lentement, les cheveux, le visage, s'attardant sur ses lobes d'oreilles, puis sur ses lèvres qu'elle caressait du bout des doigts. Elle aimait bien le dessin de sa bouche.

Elle sentait des petites chenilles s'éveiller dans le bas de son ventre.

Le cou, les épaules, plutôt musclées. Les bras, la pliure des coudes. La déformation professionnelle se fraya un chemin, elle aimait donc bien sa fosse cubitale.

Les chenilles s'agitaient dans leurs cocons.

La veine médiane ressortait, bombée, elle imaginait en descendant, plus profondément, le cubitus et le radius qui parvenaient jusqu'au poignet, elle y comptait les os du carpe avec leurs jolis petits noms poétiques, scaphoïde, semi-lunaire, pyramidal et pisiforme, puis ceux du métacarpe et enfin les phalanges, une à une. Il avait les mains fines. Elle aimait bien ses doigts agiles.

Les chenilles se métamorphosaient

Elle remonta le long des bras, se déplaça derrière lui et explora son dos. Le bas de son dos. Le haut de ses fesses. Ses fesses. Elle aimait bien ses fesses, rebondies.

Les papillons ouvrirent leurs ailes toute douces, chatouillant les parois de son ventre.

—Youhou, Énora t'es avec nous ? lança Tatiana.
Merde, je suis partie loin là et en plus... Je mouille. Et mince, mes papillons s'envolent !
La palpeuse ôta ses mains du cul de Stan, laissa ses papillons s'envoler, serra les cuisses et reprit instantanément le cours de la discussion en coupant la

parole à Tatiana qui meublait comme elle pouvait.

— Alors. Tatiana, je te la fais au passé, parce que c'est une belle histoire. Stan. Ici en chair et en os - elle le présenta de la main - jeune et prometteur étudiant en socio, travaille à sa thèse dont le sujet porte sur les souvenirs des centenaires.

Les yeux de Stan marquèrent clairement leur étonnement, se tournèrent furtivement vers sa voisine couleur caramel, entre amusement et intérêts naissants. Énora poursuivait, telle une journaliste maîtrisant autant sa chronique que les techniques de communication lui permettant de ne jamais perdre l'attention de son auditoire.

— Chaque semaine, donc, à la maison de retraite « la Belle Époque » où je travaille d'arrache-pied, soit dit en passant, notre ami Stanislas Vadim retrouve M. Charles Mériadec, vénérable vieux Monsieuuuur bretonnant âgé de cent et quelques années. N'est-ce pas, Stan ? » Stan ouvrit la bouche et - Énora reprit de plus belle - Merci Stan ! C'est ainsi que, semaine après semaine, s'est instaurée une réelle complicité entre les deux mâles, très émouvante d'ailleurs, hein Stan, et moi j'ai d'abord été témoin de leur relation « professionnelle », puis de leur amitié, mais si, c'est de l'amitié, basée sur des jeux de l'esprit qu'ils ont établis tous les deux… enfin que M. Charles a insufflé, car le vieil homme est intellectuellement vivace, crois-moi Tatiana !! »

Les deux spectateurs étaient finalement happés par la

verve d'Énora et restèrent muets. Énora continua d'envahir frénétiquement l'espace de parole resté libre.

— Allez, c'est la journée de Stan !! - Et elle reprit, comme une présentatrice de show télé - Stan, notre prestigieux invité du jour va maintenant, n'est-ce pas Stan ?! nous révéler, chers amis téléspectateurs, zé tatrices, comment il rencontra M. Charles, le vénérable aïeul de la non moins vénérable maison de retraite La Belle Époque et qui, tel un mentor, lui montra le chemin de la sagesse et de l'accomplissement... Stan... nous sommes suspendues à vos lèvres !!! »

Stan, redevenant le centre d'intérêt, se sentit un peu gêné. Cela se voyait et Énora en profita de nouveau.

— Stan, regardez-moi... Oubliez un instant le public nombreux qui vous admire ce soir derrière son écran plat seize neuvième géant, une bouteille de bière à la main, se grattant l'entrecuisse de l'autre et considérez ma requête comme une demande de confidence, dont nous ne serons, avec ma fidèle assistante, Mademoiselle Tatiana, que les deux seules auditrices et bénéficiaires... approchez-vous de moi, et chuchotez-nous cette belle aventure humaine... »

Énora avait enfin trouvé les mots justes, au-delà de son inévitable sens de l'humour à la sauce dérision. Stan avait bien entendu « belle aventure humaine ». Ces simples mots le remettaient face à sa réalité et ravivait sa mémoire. Désarmant d'efficacité. Quelques secondes restèrent suspendues entre le trio, puis Stan commença.

Timidement, mais avec une inspiration étonnante, décalée, presque poétique, usant de temps passés et d'expressions plus proches de la littérature que de l'échange oral entre jeunes. Il était pleinement dans ses souvenirs, comme s'il lisait un récit. Son regard croisait régulièrement celui d'Énora, fugace, timide.

Y's'passe quoi là ? J'ai fait jouir quatre femmes en quelques jours, j'en ai plus peur, je ne me suis jamais senti aussi bien et serein et là … je suis comme un con avec Énora ?

Énora le découvrait autrement… La belle métisse n'écoutait finalement plus Stan. Enfin, elle l'entendait, par intermittence. Elle voyait ses lèvres bouger, palpiter, s'entrechoquer… Elle qui se concentrait habituellement sur son physique attractif et son caractère asocial. Elle le « redessinait » minute après minute. Il avait changé. Toujours gêné de parler de lui, de parler aux autres mais… il se racontait, c'était déjà énorme et puis, ces petits regards de côté…

Y's'passe quoi là ? Y's'passe un truc… Je sais pas quoi exactement mais y s'passe un truc avec Stan le « de moins en moins ténébreux ». Pas désagréable. Bon mais c'est pas tout ça, je dois lui parler du projet, je sais qu'il sera OK.

Marguerite Beauchâteau, tranquillement assise sur un banc de la Belle Époque, faisait face à M. Charles, tranquillement assis sur son fauteuil roulant, le long des étendues toujours aussi admirables du jardin anglais des frères Ed et Ed. Ils discutaient et, pour qui savait décrypter le langage non-verbal, semblaient tellement s'efforcer à paraître naturels et à papoter de façon anodine qu'ils devaient en fait s'échanger des secrets inavouables. Mais qui à cet instant, en ce lieu, avait les aptitudes requises pour discerner cette complicité qui cachait quelque chose ? M. Casimir et ses rameaux de saule pleureur ? Mme Quelet surmontée de son béguin ? M. Corvi et son bec de corbeau ? Les trois nymphomanes toujours la salive aux commissures des lèvres ?

Non, personne ne les calculait, personne n'entendait ce qui se disait, mais si l'un d'entre eux avait pu se transformer en discrète petite musaraigne, il aurait probablement pu discerner quelques mots, de-ci de-là : pensionnaire, retour, préparation, talentueuse, organisation, Tatiana, enfin, époque, garde, Énora, bidouille, Stan… mesquinerie, termes qui les fit glousser discrètement. Marguerite se mit à fredonner, tandis que M. Charles se laissait bercer par la douce mélodie et la voix délicate et un peu chevrotante de Mme Beauchâteau.

Sur ton visage
Il y a l'été et puis la mer
Et des marées de vagues blondes

Où l'on voit danser si légères
Les étoiles d'un autre monde
Où l'on voit danser si légères
Les étoiles d'un autre monde
Sur ton visage
Il y a le rire d'un enfant
Et des rivières de promesses
Il y a ce matin de printemps
Où tu m'apprenais la tendresse
Il y a ce matin de printemps
Où tu m'apprenais la tendresse
Sur ton visage
Je vois aussi passer parfois
Oui comme une ombre de tristesse
L'ombre des jours où malgré moi
J'ai pu malmener ta jeunesse
L'ombre des jours où malgré moi
J'ai pu malmener ta jeunesse
Sur ton visage
Quand l'orage s'en est allé
Moi je lis tant de joies nouvelles
Que nous importe le passé
Puisqu'à nouveau l'aube étincelle
Que nous importe le passé
Puisqu'à nouveau l'aube étincelle

—Ah, quand tu chantes cette chanson je retourne en 1971 et Alain Barrière peut aller se rhabiller car tu es le charme personnifié, grâce à toi, je remonte la pente, j'ouvre mes ailes, bien chère Marguerite, merci, merci mille fois ! Et voilà, j'en ai la larme à l'œil !

—Mon cher bel et délicieux ami, j'aime lorsque vous laissez parler vos émotions, c'est si rare chez vous, les hommes.

Elle se pencha vers lui et essuya, du bout du doigt, la goutte d'eau salée qui demeurait sur sa joue.

—Et cerise sur le gâteau, ma très chère, « elle » sera donc là demain. Je savoure déjà cet instant de grâce.

—Oui Charles, vous avez bien raison et je vous accompagne en m'en délectant tout autant que vous. Vous souvenez-vous, quand rimait alors... sévices,

—Malice

—Perversité

—Méchanceté

—Diablerie

—Hérésie, oui, je ne me souviens que trop.

—Changerions-nous de sujet mon beau ?

—Bien volontiers ma lumière.

Et si notre musaraigne pointait de nouveau le bout de son élégant museau, elle entendrait : loin, voyage, enfin, deux, souffrance, liberté, sorcière, symbiose...

Pendant ce temps, Énora apportait les photos que Tatiana attendait. Elle les scanna puis les afficha sur son écran. Énora s'était assise à ses côtés et la regardait faire. C'était fascinant ce qu'on pouvait faire avec un ordinateur puissant, de solides compétences et une bonne dose d'imagination. Au fur et à mesure que Tatiana progressait dans sa tâche, les deux amies riaient de plus en plus fort.

– Mouhaha, non, celle-là est trop ! lançait Énora en se courbant sur elle-même.

– Non non, dans ce cas-là, c'est JAMAIS trop ! répliquait Tatiana en « riant sérieusement ».

– T'es trop forte amiga !

– Pff, t'es gentille, non c'est juste que je suis super motivée, j'adore ce projet et j'ai hâte que tu me racontes !

– Je suis suuuper confiante, ce que tu fais est génial et ça va marcher, c'est cent pour cent sûr et certain !!

*

Le lendemain, à six heures du matin, Mme Quelet remettait fébrilement la petite canule vide dans sa poche et sortait en se faufilant discrètement de la petite salle de repos des soignants, tandis que Stan faisait innocemment le guet. Énora reposait le sac à main à sa place dans les vestiaires du personnel. Elle avait l'air dégoûté mais heureuse.

À huit heures précises, Mireille Mesquin, la « sournoise créature persifleuse », la « fille de Satan », comme la nommait M. Charles, revenait prendre son poste et surtout, son fief et ses sujets, avec des mains de fer dans des gants de fer. La tristement célèbre infirmière en chef de la Belle Époque possédait un physique que ceux qui feraient preuve d'indulgence qualifieraient de « pas facile ». Les plus audacieux, les plus réalistes (?!) énuméreraient plus volontiers des qualificatifs comme

« abjecte », « repoussante », « à vomir ». Quant aux humoristes en herbe, ils évoqueraient un « d'où l'intérêt des préservatifs » ou encore un « euthanasie pour tous, mais priorité à elle ».

Mme Mesquin mesurait à peine un mètre soixante. L'ensemble de son corps était rachitique, à la limite de l'anorexie. Ses mains, des serres. Ses jambes, des échasses naines. Sa poitrine, des préservatifs usagés. Ses fesses, deux marshmallows géants dégoulinant sous l'effet d'un feu de camp. Cette architecture bringuebalante était composée d'un amas de branches de bois squelettiques, reliées entre elles par des articulations aussi sèches que les nœuds d'un tronc d'arbre millénaire. Elle se terminait en son sommet par un cou de poulet décharné, sur lequel était planté une tête énorme, disproportionnée, difforme, monstrueuse. L'ensemble ressemblait à un bilboquet fabriqué par un parkinsonien dont la boule gigotait sans cesse sur une tige sous-dimensionnée. Cette citrouille toujours rougeoyante était percée au milieu par deux tout petits yeux malingres, surplombant un nez en forme de courgette, le tout rehaussé d'une bouche minuscule et toujours pincée qui ressemblait à s'y méprendre à un sphincter de gallinacé avec option hémorroïdes.

À neuf heures, M. Charles se tenait debout dans sa chambre, un téléphone portable à la main. Il tapota malgré ses doigts déformés les huit chiffres de la salle des soignants de la Belle Époque. De l'autre main, il plaqua un mouchoir sur le petit micro situé en bas. Sonnerie. Une, deux.

– Oui quoi allô ?

– Madame Mesquin ?

– Oui bon c'est pour quoi ?! répondit-elle agacée. Elle avait reposé sa tasse de café dont elle venait de terminer de boire le contenu, d'une traite et ressemblait à une mante religieuse sortant de son cocon, toute recroquevillée et malhabile, tenant son téléphone entre ses petites pattes acérées.

M. Charles, d'une voix que n'aurait pas renié un espion expérimenté, susurra fermement :

– Madame, veuillez m'écouter attentivement je vous prie, c'est très important, ne me coupez pas. J'ai appris qu'une personne mal intentionnée avait déposé dans votre sac à main des objets susceptibles de vous mettre en grand danger. Je vous suggère vivement de vous en débarrasser au plus vite. Sinon…

– Bip bip bip

– Allo ?! Allo ?! Allooooo ?! Qu'est-ce que c'est que ce bordel ??

Les mandibules de Madame Mesquin se crispèrent, elle se rua tel un dragon expirant des nuages nauséabonds dans le couloir jusqu'à la porte des vestiaires, qu'elle ouvrit avec sa clé en manquant de la briser. Elle en fit de même avec la porte de son casier qui claqua contre le casier voisin, saisit son sac, si vite et maladroitement qu'il lui glissa des mains, répandant la moitié de son contenu :

protections périodiques, cigarettes, photomatons d'elle, un paquet de mouchoirs, propres, un mouchoir très usagé, une cuiller à café tordue, une boîte de cachets contre le mal de tête, une brosse à cheveux pleine de cheveux secs comme son cœur, une pomme flétrie comme son âme. Et...

Putain c'est quoi ça... un godemichet ! Putain, un god dans mon sac mais qu'est-ce que c'est que ce bordel ?!

«Drrrrrrring » ! Son téléphone sonnait de nouveau. Elle décrocha sans rien dire, muette de colère.

—Madame Mesquin... C'est encore moi, votre gentil sauveur. Écoutez-moi, c'est important. N'oubliez pas de regarder l'enveloppe. C'est vraiment très important et faites ce qui est le mieux pour vous. Ah, un dernier mot... la seule chose que vous portez bien... c'est votre nom, même s'il s'agit d'un euphémisme très en deçà de la réalité !

M. Charles raccrocha sans attendre de réaction et s'esclaffa, Marguerite Beauchâteau qui se tenait à ses côtés en fit tout autant !

—Voilà une bouffonnerie comme je les aime ma chère étincelle de vie !

—Ah mon Roi de l'entourloupe, oui, ta farce a le vent bien en poupe !

La cruelle infirmière qui maltraitait les pensionnaires les plus fragiles, sans défenses, qui les spoliait, les humiliait en arborant perpétuellement son vicieux rictus fouilla parmi les objets répandus au sol.

Ah la voilà cette putain d'enveloppe !

Au même moment, tous les pensionnaires s'étaient regroupés dans le réfectoire, autour de la table centrale sur laquelle José avait installé des plateaux de friandises toutes plus appétissantes les unes que les autres. Tous échangeaient entre eux des regards interrogateurs.

La « Cruella » de la Belle Époque déchira l'enveloppe sans ménagement et poussa un cri strident ! Des photos d'elle une badine à la main, à cheval sur M. Corvi, nu et bâillonné, les yeux exprimant une incommensurable frayeur. Sur la suivante elle se tenait debout en tenue de cuir malheureusement moulante, martinet à la ceinture et en face d'elle, attaché sur une croix verticale adossée au mur de sa chambre, M. Casimir, nu lui aussi exprimait une abominable souffrance. Sur une troisième, photo Ed et Ed étaient saucissonnés des pieds à la tête, l'un contre l'autre, face à face, debout, chacun une plume de paon dans le derrière et "Maîtresse Mireille" les regardait l'air sévère en agitant un fouet avec autant d'expertise qu'Indiana Jones et Zorro réunis dans la même enveloppe corporelle ! Leurs regards exprimaient sans conteste la pire des terreurs.

Il y en avait bien d'autres qui lui échappèrent des mains. Déconfite, rouge de rage, d'incompréhension, de honte, elle paniqua. Dans l'enveloppe déchirée restait une lettre qui dépassait légèrement. Elle tomba sur les genoux, la déplia en tremblant.

L'effervescence devenait palpable dans la grande salle.

Énora avait rejoint M. Charles, Mme Beauchâteau et Stanislas. Elle s'approcha de la modeste station musicale pour mettre Radio Nostalgie. La chanteuse Lio, « Fallait pas commencer ». Très dansant. Les pieds recouverts de cors et de callosités frappèrent instantanément la mesure, les os iliaques plein d'arthrose se déhanchèrent en rythme, les regards lumineux derrière les lunettes aux loupes épaisses se croisèrent. Mme Quelet en profita pour montrer fièrement la canule à Mme Beauchâteau et M. Charles qui la félicitèrent avec un enthousiasme débordant.

Un seul mot trônait au milieu de la feuille blanche : *adieu.* Un long cri de rage sortit de la bouche grande ouverte de la grande perverse comme le feu d'un lance-flammes à pleine puissance ! Elle ramassa tant bien que mal les photos. « Bande de saloperies ! ». Fit une boule de la feuille et la jeta contre le mur. « Vieux merdeux ! ». La harpie, selon les termes de M. Charles, ouvrit bruyamment la porte qui donnait sur le couloir. La poignée lui resta entre les mains. "Que d'la merde ici bordel !!" Et elle la projeta au loin devant elle. La musique résonnait fort. Un vieux groupe, Niagara, chantait « Assez » et le refrain qui se répétait contre les murs et les tempes de la pécheresse piégée :

Assez ! je crois que je deviens vraiment cinglée !

Elle éructait, vociférait, écumait, les yeux exorbités et décida de s'enfuir. Elle devait passer par le réfectoire. La musique s'amplifiait.

Autour de moi tout s'écroule. Assez !

Elle s'élança dans le couloir fixant la porte du fond. « Meeeeeerde » !!

Mais laissez-moi en paix à tout jamais !

Elle se releva après avoir glissé sur la poignée de porte en boitant puisqu'elle venait de se fouler la cheville gauche.

*Je vais bientôt perdre la boul*e !

Elle ouvrit violemment la première porte. Tous les pensionnaires levèrent les bras, autant qu'il leur était possible et l'acclamèrent en éclatant d'un rire commun, fédérateur et jouissif.

*Assez ! Mais laissez-moi en paix tout jamais ! je vais bientôt perdre la boul*e !

Chacun, à sa manière, mimait les scènes des photos, en les caricaturant, scandant des « oh ! oui fais-moi mal », « Vas-y, mesquinte-moi ! » etc. D'autres brandissaient des copies agrandies des photos et imitaient des grognements de cochon qu'on égorge. La Mireille resta totalement pétrifiée. Elle était folle de rage et désespérée. Elle voulait tous les étriper et disparaître sous la mousse d'une forêt. Elle les maudissait sans exception sur dix générations et n'espérait qu'une chose : être invisible. Mesquin se mit à marcher en traînant la patte, à toutes petites avancées vers l'autre porte la menant au couloir de sortie. Son regard était éteint, elle progressait de façon automatique comme un vieux robot, ses pas étaient saccadés, désordonnés et de plus en plus lourds. Arrivée à mi-parcours, Énora stoppa soudainement la musique, le silence était total.

M. Charles lança alors d'une voix vibrante et assurée « et un, et deux, trois, quatre ». Et tout le monde se mit à chanter « Ce n'est qu'un au revoir ».

Faut-il nous quitter sans espoir,

Elle fit un nouveau pas, s'arrêta soudain. Son ventre gargouillait.

Sans espoir de retour,

Elle fit, difficilement, encore un pas, les lèvres crispées.

Faut-il nous quitter sans espoir

Elle posa ses mains sur son ventre, se replia sur elle-même, lâcha un énorme pet sonore qui fit vibrer les vitres, transperça les cœurs et le chœur, souleva l'enthousiasme de la foule qui continuait de chanter !

De nous revoir un jour

Tous reconnurent ensuite aisément le son d'une défécation liquide, violente et généreuse.

Ce n'est qu'un adieu, Mireille

Elle ouvrit les yeux, gémit, regarda lentement autour d'elle en se tordant de douleur et de honte, ne vit qu'une multitude de regards joyeux et vengeurs la fixer, puis elle se mit à courir, de plus en plus vite, tandis que son pied gauche raclait le sol et que la diarrhée de la victoire coulait à grands flots le long de ses cuisses.

Nous ne nous reverrons pas, Mireiiiiiiille !

Les visages exprimaient un incommensurable et hystérique bonheur. Mireille arriva presque à hauteur de la dernière porte quand celle-ci s'ouvrit. Tatiana était là, sourire aux lèvres. Elle se décala sur le côté pour laisser passer la future ex-infirmière-chef en se bouchant le nez et entra finalement sous les bravos de tous ! La nauséabonde mante religieuse en putréfaction disparut en laissant sur son trajet vers la sortie un chemin excrémentiel zigzaguant au gré de la volonté chaotique de son sphincter impuissant et néanmoins loquace.

Chacun remerciait Tatiana chaleureusement pour ses talents de retoucheuse photo, puis vint le temps de faire honneur aux mets préparés par José, en arrosant ce savoureux moment béni des dieux d'une fastueuse brochette de bouteilles de vin et de cidre. Un petit groupe, les coupes à la main, était sorti dans le parc et chantait à tue-tête *ah qu'il est bon de chier dans l'eau, on voit sa merde qui nageuuu ; si j'avais su que c'était si beau j'en aurais fait d'avantageuuu* !

À l'intérieur, la musique de Bill Baxter embrasait la pièce avec son « embrasse-moi idiot, c'est beaucoup beaucoup mieux que des mots » !

M. Charles et Marguerite se regardèrent et s'embrassèrent avec volupté.

—Ah mon délicieusement vilain beau gosse, mon korrigan diablement gentil, tu embrasses aussi bien que tu inventes tes stratagèmes loufoques pour nous amuser et rendre justice en même temps, mais quel talent !

—Tu vas me faire rougir ma belle hirondelle de printemps, d'été, d'automne et d'hiver, oui grâce à toi, comme le disait Albert Camus, "au milieu de l'hiver, il y a en moi un invincible été" !

—Mon Monsieur citations, quelle merveilleuse idée d'avoir choisi la Belle Époque, tu avais raison, on s'y amuse comme si nous étions restés en colonie de vacances !

—Viens.

La fête battait son plein et ils s'échappèrent, furtivement.

*

Plus tard dans la soirée, pendant que les derniers résidents encore présents, éméchés, sirotaient tranquillement les dernières bouteilles en mangeant quelques cotillons, Stan reçut un MMS.

—Énora !! Stan l'interpellait. Elle traversa la pièce à grands pas, son téléphone portable à la main. Stan lui tendit le sien pour lui montrer le message réceptionné.

—Merde, c'est le même que le mien !

Tous deux avaient reçu une vidéo de M. Charles. Il enlaçait Marguerite Beauchâteau qui souriait à pleines dents. La lumière des phares de leur voiture les éclairait, impossible de savoir où ils se trouvaient.

Mes deux tourtereaux, vous êtes beaux et ne vous inquiétez pas. Vous vous doutez que nous savons ce que nous faisons - Marguerite acquiesçait de la tête - N'avertissez personne, ne cherchez pas à nous joindre ou à nous retrouver. Tout va bien, tout va bien, nous ne faisons que vivre l'escapade que nous prévoyions depuis fort longtemps déjà et nous n'avions que trop attendu, je crois que nous sommes comme deux adolescents prépubères et croyez-moi, nous savourons car nous nous métamorphosons en cette unique petite flaque de larmes de joie que le soleil évapore vers les cieux de nos aïeux.

– Oui ! Tout va bien les enfants, ajouta Marguerite qui écrasa son nez busqué sur le téléphone.

– Je vous demande juste UN service, repris M. Charles, un service auprès de deux membres de ma famille de cœur : reposez-vous après cette incroyable soirée qui a fleuré bon la délivrance et le bonheur, dormez sur vos quatre oreilles et dans peu de temps, vous trouverez des informations utiles sous mon oreiller. Moult belles surprises, je le crois, je l'espère, vous attendront. Une dernière chose, très importante, n'allez récupérer ces informations que demain matin, je vous fais confiance hein ! Allez, Marguerite et moi vous embrassons, du verbe embrasser, avec nos vieux bras et nous vous embrassons aussi, du verbe embrasser d'une multitude de baisers emplis d'affection véritable et sincère !!

…

Stan et Énora se regardèrent en silence. Les bruits autour d'eux s'étaient estompés sous le choc.

– C'est… c'est quoi ça ? questionna Stan

– … Une… Une super… histoire... d'amour ?

– Ou encore un de ses plans tarabiscotés !

– Ah ? C'est pas le premier ?

– Oui mais si c'est ce que je pense, c'est juste une espèce de jeu comme il les aime donc, cool !

Ils s'installèrent dans la salle de repos des soignants.

Stan voulut récupérer le plan tout de suite, ce à quoi s'opposa Énora. C'était ce que voulait M. Charles, ce n'était pas discutable. Ils tombèrent facilement d'accord sur ce point et s'allongèrent finalement chacun sur un canapé. Stan avait laissé le plus confortable à Énora et récupéré le second, nettement moins long. Plus court en fait. Ils parlèrent de M. Charles, bien sûr, échangeant des anecdotes. Stan évoqua Verdun, Énora qui avait sorti ses chaussons de son casier lui parla de la savate, de sa main, du poing fermé ou des vertus de la claque, il enchaîna sur Hubert, elle poursuivit avec le thermomètre. Énora était plus prolixe que lui et berçait Stan qui s'endormit le premier.

Il dormit. Peu. Mal, n'arrivant jamais à déplier totalement ses jambes. Pendant la nuit il fut à moitié réveillé par les pas pourtant feutrés d'Énora qui s'était levée. Il avait vaguement entendu des bruits sans pouvoir les identifier dans son demi-sommeil. Il avait aussi cru percevoir Énora en train de marmonner seule, mais peut-être n'était-ce qu'un rêve. Quand il se réveilla le lendemain matin vers 7 h 00, Énora était assise sur le canapé, les pieds sur le rebord, la tête entre les genoux. Il la questionna sur les bruits nocturnes. Elle était allée faire pipi à plusieurs reprises parce qu'elle avait été opérée et on lui avait fait une greffe de vessie, malheureusement, la donneuse était une très jeune truie décédée après avoir vu une publicité pour des saucissons et la vessie était donc trop petite mais compatible. Stan, après quelques secondes de réflexion, rit enfin de sa petite blague matinale.

– Bon, on y va ?

– On y va oui !!

Ils espéraient que oui, comme M. Charles l'affirmait, tout allait bien, donc... Et ils avaient l'air si heureux, alors !

Comme convenu, ils trouvèrent une grande enveloppe sous l'oreiller du centenaire. À l'intérieur une seconde enveloppe, plus petite, ainsi qu'une lettre, qui indiquait : *Bravo, vous avez trouvé le premier indice ! Maintenant je vous demande instamment de patienter 48h00 avant d'ouvrir l'autre missive. Marguerite et moi vous embrassons. Charles, votre dévoué.*

—Scoumoune
—Malchance
—Emmerdes
—Poisse
—Guigne
—Déveine
—Bordel
—De merde

Énora et Stan échangeaient au téléphone, chacun de son côté.

—J'ai des putains de migraine à m'en défriser les cheveux poursuivait Énora

—Moi bouche ultra sèche j'arrive même pas à parler merci les sms

—Attends c'est pas fini mon cycle est complètement déréglé

—Mince bon bin moi G des ballonnements tout le temps j'te passe les détails !

—Ah bin si j'veux des détails - Stan l'entendit rire - Ah ! Même rire ça m'tape sur le crâne…

—Désolé. Bon je te donne des détails si tu m'en donnes aussi.

—Mouais... bon, OK !

Stan poursuivit.

—Bon bin j'ai la chiasse, voilà, j'en peux plus !

—Haha, pauvre Monsieur ProutProut !!

—Très drôle, je voudrais t'y voir, alors et ces détails que je rigole aussi !

—Pff, bon, j'ai une constellation de boutons sur la trombine, je ressemble à un clavier d'ordi !

Vingt-quatre heures plus tard, Énora rappelait Stan.

– Alors Monchieux le chiasseux, comment cha va t'as touchours la bouche chèche ?

Il l'entendait ricaner.

– Haha, eh bin non figure-toi ! Et toi, toujours des diodes lumineuses plein la tronche ?

– Bien vu, bin non figure-toi aussi, tout va trop bien même !

– Ah bin moi tout pareil, itou, idem, je sais pas ce qui s'est passé, une sorte de miracle.

– Tu m'étonnes, surtout qu'on est censés ouvrir la lettre demain !

– C'est jouable !

Quarante-huit heures s'étaient écoulées depuis l'ouverture de la première enveloppe, vingt-quatre depuis leur « scoumoune » commune et Stan et Énora se retrouvèrent finalement dans un petit bar à côté de la Belle Époque. Stan pris avec galanterie des nouvelles de l'acné d'Énora, qui s'inquiéta du fond des couches de Stan. Ils rigolèrent bêtement pour se détendre puis tirèrent au sort à chifoumi pour savoir qui ouvrirait l'enveloppe. Après une succession de pierre-papier-ciseaux à l'insoutenable suspense, c'est Énora qui décacheta le pli. Un plan. Sans surprise, il était tarabiscoté à souhait.

Après avoir parcouru un véritable et interminable labyrinthe de rues et de ruelles, ils arrivèrent à la hauteur de la croix indiquée. 4 rue Jeanne d'Arc. M. Jean Declerc, Office notarial. Énora saisit Stan par le bras, le retenant de gravir les trois marches qui menaient à la porte d'entrée.

— Cette nuit, j'ai consulté le dossier médical de Marguerite Beauchâteau. Elle ne fait pas partie des résidentes dont je m'occupe. Elle est très, très malade. Ça plus le notaire… Voilà, il fallait que je te prévienne.

Pour la première fois, Stan vit Énora arborer une mine inquiète et triste.

— Merde… chuchota Stan.

— Comme tu dis.

— Bon mais faut y aller. Courage ?

— Ouais, courage…

Souvent, elle se levait en se demandant ce qui était important. Pour aujourd'hui. Pour la vie.

"Prends ton envol"
Assieds-toi, prends le temps
il est peut-être compté
Respire le parfum d'antan
car demain c'est terminé
Allonge-toi dans l'herbe folle
tu quitteras le sol
Allonge-toi dans l'herbe folle
tu prendras ton envol
personne s'en sortira vivant
alors fonce pendant qu'il est temps
fais le con, plonge dans l'océan
régale-toi, trinque avec Satan
Bois tout le vin des vendanges
Sois fou, barge, bizarre, étrange
baise à en crever avec les anges
jouis jusqu'au bout de tes phalanges
Assieds-toi, prends le temps
il est peut-être compté
Respire le parfum d'antan
car demain c'est terminé
Allonge-toi dans l'herbe folle
tu quitteras le sol
Allonge-toi dans l'herbe folle
tu prendras ton envol

Une poignée d'heures pour être heureux
réaliser tes vœux, faire tes adieux
alors donne, aime, sois généreux
libre lumineux, tutoies les dieux
s'il te plaît t'prends pas au sérieux
t'as vraiment plus l'temps d'être vieux
danse sous la pluie chaude des cieux
et sois maintenant vraiment amoureux
Sois un ogre bouffe l'reste de ta vie
lève-toi c'est ton cœur qui te le dis!!
Allonge-toi dans l'herbe folle
Quitte le sol et prends ton envol
prends ton envol prends ton envol

Stan pris la main d'Énora et poussa la porte avec appréhension. Monsieur Declerc les accueillit avec prévenance. Mince sans être maigre, c'était un vieux monsieur, grand, élégant avec ses cheveux intégralement blancs et pourvu d'un léger sourire perpétuel qui, derrière sa modestie, laissait apparaître une gentillesse sincère. Il savait qui ils étaient, le leur signifia et les invita à prendre place sur les deux fauteuils se trouvant face à son bureau, derrière lequel il se rassit.

Il commença par les rassurer. M. Charles et lui étaient des amis, des vrais, de longue date et quoi qu'il allait leur révéler, tout serait pour le mieux pour tout le monde. Il ouvrit le dossier qui trônait déjà sur son bureau, étala plusieurs feuilles devant lui et avec un stylo dans chaque main griffonna sur chacune d'elles.

Wahou, il est ambidextre. Putain on s'en fout, je veux savoir ce qui se passe, moi !

– Voilà, excusez-moi, je prends des notes, c'est important.

Il leur tendit ensuite une tablette informatique qu'il glissa hors du tiroir central. Il leur expliqua que cette première phase du rendez-vous consistait pour eux à visionner la vidéo qui se trouvait sur la clé USB qu'il leur tendit après l'avoir extraite d'une enveloppe cachetée à la cire, et qu'il allait maintenant quitter son bureau afin de les laisser seuls pour la découvrir.

Énora souleva fébrilement la tablette pour la mettre face à eux, ouvrit le support arrière pour la maintenir surélevée. Stan regarda Énora, la clé à la main.

– Vas-y, lui dit-elle.

Mes enfants, je suis heureux de vous voir réunis. Vous êtes beaux ! Vous êtes comme le Gwenn ha du, notre fringuant drapeau breton, tout de blanc et de noir et de noir et de blanc vêtus, ces belles couleurs qui se marient si bien car elles ne sont pas opposées mais complémentaires ! Bon, je ne suis pas en train de vous conseiller de vous marier hein, mais bon, je dis ça … - Il ria fort. Toussa. Se reprit en s'essuyant la bouche d'un revers de la manche - Alors, je sais que vous n'êtes pas idiots, loin de là et que vous vous doutez de la suite et donc je vous explique, en quelques mots, Marguerite et moi vous devons bien ça. Très importont, sachez que vous êtes les seuls à entrer dans la confidence. Nous comptons sur vous bien entendu pour que cela reste entre nous quatre. Enfin, nous cinq, vous saluerez M. Declerc de ma part ! Il accompagna son sourire d'une tentative de clin d'œil peu concluante, mais Énora et Stan le comprirent et se mirent à esquisser un petit sourire.

Marguerite est atteinte d'une grave disgrâce. À tel point que… Vous comprenez, n'est-ce pas ? À nos âges, nous n'avons pas, mais alors pas du tout l'envie d'être séparés, et pour ma part, il est définitivement hors de question de me retrouver seul. Nous avons par conséquent décidé, en pleine conscience et d'un commun accord de faire le nécessaire, maintenant, pour partir ensemble, main dans la main, cœur contre cœur. Marguerite a une vieille connaissance dans l'herboristerie, je vous passe les détails, qui nous a gentiment conseillé une plante tout à fait charmante appelée « digitale », grâce à laquelle nous allons pouvoir arrêter nos cœurs terrestres, en même temps, et laisser nos âmes s'envoler et voguer de conserve dans l'éternité. C'est beau n'est-ce pas ? Nous avons tout prévu et nos enveloppes corporelles auront aussi disparu, j'avoue avoir trouvé une solution inattendue et peu orthodoxe mais je ne vous en dirai pas plus car ça n'a aucune importance. Lorsque cette vidéo touchera à sa fin, Marguerite et moi toucherons aussi à la nôtre. Voilà. Mais ce n'est pas la fin de l'histoire, de nos liens qui demeureront à jamais. Je vous ai prévu quelques surprises et comme je l'ai entendu dire dans une émission avec des jeunes, vous allez probablement « tomber sur le cul » ! Voyez la suite avec Jean, c'est un ami, il va tout vous expliquer.

Ah au fait, Stan, toi qui aimes les anecdotes. Savais-tu qu'un même œuf d'abeille donnait aussi bien naissance à une ouvrière qu'à une reine ? Elles sont génétiquement identiques, mais leur mode de vie, leur alimentation diffèrent, au point que la première vivra deux mois, la seconde dix ans… ce qui, à l'échelle humaine, donnerait un individu vivant cent ans et un second s'éteignant au bout de quatre mille ans !! Moi, avec mes cent bonnes années d'humain, à l'échelle des abeilles, j'aurais fait une bonne reine, toute proportion gardée !

Allez, on vous laisse les enfants, on vous embrasse, on vous fait des câlins, à Papouille aussi, on vous envoie plein d'amour, pensez parfois à nous mais, j'insiste hein, toujours avec le sourire sinon mon fantôme viendra hanter vos nuits, car nous partons pleinement heureux, profitez de la vie et de chaque jour qui passe car aucun d'entre eux ne garantit le suivant, amusez-vous de tout, la vie est… courte, Énora, ma belle et pétillante musicienne des îles, ma belle enfant, ma gazelle, Stan, mon magnifique ex-ténébreux aujourd'hui enfin joyeux qui déploie ses ailes, tous deux si plein de vie, merci, merci mille fois et plus encore, à vous, pour votre gentillesse, vos attentions, pour ce que vous êtes, vous êtes rares et précieux, soyez-en définitivement convaincus. On vous aime, n'est-ce pas Marguerite ?

M. Charles tendit le bras, Stan et Énora le virent se tourner de côté pour embrasser Marguerite à pleine bouche. Ils riaient en même temps, se frottaient le nez. On entendit ensuite M. Charles chuchoter à Marguerite « hum, votre noble front est si doux au baiser » tandis qu'il joignait le geste à la parole. Puis ils se tournèrent ensemble vers eux et lancèrent de conserve un tonitruant Kenavo !! Marguerite avait disparu de l'écran et M. Charles reprit.

Ah oui j'allais oublier, ma petite référence latine ! C'est Lucain, un jeune poète latin du 1er siècle qui disait, très justement : "d'après vous, les gaulois, les ombres ne gagnent pas les silencieux séjours de l'Erèbe ou les pâles domaines de Dispater. Au contraire, le même esprit anime un autre corps dans un autre monde. Si ce que vous chantez est véridique, la mort n'est que le milieu d'une longue vie." Kenavo mes enfants !!

Écran noir.

Énora et Stan fixaient la tablette. Ils se regardèrent, sans un mot. M. Jean Declerc entra avec un petit plateau qu'il déposa sur le bureau. Il y avait du thé, du café, des petites viennoiseries et quelques figues bien mûres.

— Chers jeunes gens, ceci vous est offert par M. Charles.

Stan s'attardait sur les figues et les souvenirs lui revenaient. Une larme coula sur sa joue. Énora sanglotait. Ils se regardèrent. Esquissèrent un commencement de sourire.

Elle est jolie même quand elle pleure, pensait Stan.

Ça lui va bien de pleurer à ce beau gosse, se disait Énora.

De petits gloussements retenus s'échappèrent de leurs bouches fermées, chacun d'entre eux libérant un peu plus le suivant jusqu'à ce qu'ils ne puissent plus se retenir et qu'ils éclatent de rire ! Le notaire les accompagna malgré lui en souriant de bon cœur devant cette scène irrésistiblement émouvante.

—Tu veux une figue ? lança Énora après s'être bruyamment mouchée.

Stan s'essuya le visage perlé de ses pleurs et répondit en reniflant sans retenue.

—Avec plaisir, oui, sacré M. Charles ! Prends-en une aussi. Je m'en souviens parfaitement, il disait en dégustant la sienne « telle une demi-figue juste tranchée… ce fruit délicieux, goûteux, savoureux… Mais il ne parlait pas que du fruit…

—Haha oui, je m'en doute, sacré M. Charles, quelle canaille !

Et pendant qu'ils poursuivaient leur dégustation avec retenue et parcimonie, M. Declerc fit glisser une grande enveloppe du dossier posé devant lui. La décacheta, elle était fermée à la cire. Il vit les regards surpris de ses clients.

—Oui, je comprends votre étonnement. C'est du « Monsieur Charles » pur jus ! Je vous fais lecture de ce pli.

Je soussigné, Monsieur Charles Mériadec etc. par le présent testament dûment signé de ma main, présente ci-après mes vœux relatifs à mes « obsèques ».

Le parcours dans les montagnes russes des émotions n'était donc pas terminé.

Comme vous l'avez appris précédemment dans la vidéo, nul

besoin de rechercher nos enveloppes corporelles. Nonobstant ce « léger détail », je souhaite ardemment qu'un petit monticule de terre, à la façon d'un tumulus nain, soit érigé en toute discrétion au pied du grand chêne de la Belle Époque. Je vous demanderai à cette occasion d'organiser avec l'ensemble des résidents, je sais que vous saurez faire, une sorte de rite funéraire, disons plutôt une coutume que l'on trouve dans certains pays asiatiques. Il conviendra, et Jean vous fournira les fonds nécessaires, d'employer des pleureuses. Leur mission consistera à afficher de façon théâtrale une grande tristesse, à pleurer à chaudes larmes, à se rouler par terre de désespoir puis soudain à éclater de rires tonitruants et vivaces afin de laisser place à la vie joyeuse qui continue pour les vivants ! Je plaisante. Ne faites rien, tout est dans nos mémoires, jusqu'à la fin des temps. Enfin si : envoyez-nous des sourires car nous sommes heureux !

Énora dut prendre Stan dans ses bras pour lui éviter de tomber quand le point suivant fut abordé : l'adoption plénière que le vieil homme proposait à Stanislas ! C'est elle, à sa demande, qui lui lit la lettre de M. Charles.

Mon cher Stanislas, je serai concis. Je souhaite simplement que tu saches que notre rencontre n'était, de toute évidence, pas fortuite. Comme l'aurait sûrement annoncé Madame Irma, toutes les planètes étaient alignées. Tu es arrivé dans ma vie il y a quelques mois, alors que notre "petite affaire" avec Marguerite était déjà programmée. Tu ressembles beaucoup, vraiment, à Gaston, mon ami corsaire (tu comprendras un peu plus tard), tu es pétri de qualités dont certaines que tu

développeras ultérieurement, crois-moi, je ne m'étendrai pas, Énora le fera mieux que moi. Cette conjonction d'éléments concordants, cette certitude me sont apparues tel un miracle, indicible et lumineux. Il n'y avait pas de hasard, non, certes non. Cela ne pouvait être que toi. Je serais donc résolument heureux et indubitablement honoré que tu acceptes de devenir mon fiston
Avec tout mon amour,
Ton père si tu le veux bien.

PS1 : Je sais pertinemment que tu n'accepteras pas pour l'argent car je n'en ai point. Je possède bien quelques bricoles, mais tu verras bien ce que tu en fais.

PS2 : Tu me connais, il fallait impérativement que je termine par une citation. « Un père a deux vies, la sienne et celle de son fils", c'est de Jules Renard, écrit en 1902, exactement un siècle après l'année de la naissance de Victor Hugo !

Stan pleurait. Doucement. Vraiment.

—OK... Gast !

Il lui suffisait maintenant de signer une série de documents pour changer son nom de famille au profit de "Mériadec" pour devenir ainsi un des deux légataires du défunt.

—Quand tu auras terminé de t'essuyer le nez dans mon cou, tu pourras prendre ce stylo - lui chuchota Énora à l'oreille.

Stan parapha toutes les feuilles dont certaines comportaient maintenant les traces encore humides des larmes tombées pendant qu'il apposait sa signature.

Le troisième point concernait l'autre légataire, qui avait lui aussi cinquante pour cent de ses biens. M. Charles précisait dans son testament qu'il était trop tôt pour qu'il en découvre l'identité, mais que tout se déroulerait au mieux, c'était une certitude. Stan se trouvait totalement déboussolé par cette nouvelle annonce. De qui s'agissait-il ? Aucune idée. Était-ce important ? Là, tout de suite, pas le moins du monde. Cela aiguisait tout de même sa curiosité, mais... Mériadec. Il s'appelait maintenant Stanislas Mériadec. Voilà, ça c'était important. Le nom de ce Monsieur extraordinaire, oui, il était comme une sorte de père, oui, pourquoi pas, c'était toujours mieux que « Vadim » qui sortait de nulle part. C'était même... Wahou. Il était rattaché à une vraie histoire, il ne venait plus de nulle part. Il avait désormais des souvenirs, des moments graves, des moments émouvants, des moments drôles. Si un jour il avait des enfants, il pourrait leur raconter leur... Grand-père...

Putain, des enfants, qu'est-ce qui m'arrive ?

—Stan... Stan...

Énora le prit par l'épaule, attrapa sa main droite, y déposa une nouvelle enveloppe et dans sa main gauche une petite boîte à bijou en velours rouge.

— Allez Stan, un tout petit effort encore, c'est la dernière étape a dit M. Declerc - qu'il n'avait même pas entendu - prends ton temps, de toute façon tu connais M. Charles, ça ne peut qu'être sympa. Commence par l'enveloppe ?

Le pauvre garçon n'en pouvait plus. Il accueillit avec soulagement l'annonce de la fin des révélations et des inquiétudes, se demandant cependant quel nouveau tour M. Charles allait encore lui jouer. Perdu dans ses pensées, il se disait que finalement cette succession d'évènements bouleversants maintenaient le vieux Monsieur en vie. Comme s'il était encore là à se moquer gentiment de celles et ceux qui lui étaient chers, à organiser avec espièglerie les péripéties de son entourage, à contribuer à écrire leurs histoires dans la plus grande bienveillance, en conservant toujours son petit sourire en coin, ce petit sourire mutin qui fut le sien depuis toujours et pour toujours.

Stan posa machinalement la boîte sur le bureau de M. Declerc. Une boîte à bijou. M. Charles lui léguait un bijou ? Bah, on n'était plus à une idée loufoque prêt ! Il déchira lentement l'enveloppe, se sentait faible. Et pendant que le papier crissait entre ses doigts, il repensait à la guerre de 14-18, aux anecdotes de M. Charles. Il se disait que ça n'aurait pas été le bon moment pour subir une attaque de soldats ennemis, qu'il n'aurait même pas eu la force de soulever une arme, à moins que… si, peut-être. Si, sûrement, il aurait repensé à… Son père adoptif… Son père adoptif… et il aurait fait ce qu'il avait à faire. Stan se remit à pleurer, l'enveloppe entrouverte dans la main.

—Tu veux que je t'aide ? lui chuchota Énora.

—Si … Si tu veux oui… Merci, sanglota-t-il.

Énora finit d'ouvrir l'enveloppe, en sortit une lettre

pliée en trois.

—Tu veux que je la lise ?

Stan hocha imperceptiblement la tête en signe d'acquiescement et se laissa bercer par la voix d'Énora.

Fiston, je me doute que tout cela génère moult émotions et crois-moi, je compatis, car j'en fus moi-même submergé lorsque j'ai préparé ma succession, que j'y ai réfléchi, que j'ai rédigé toutes ces lettres. Submergé oui, mais de bonheur en pensant à toi et en imaginant que cela te comblerait autant que je le fus et que je suis, là où je suis désormais. Allez mon grand, ce sera tout pour aujourd'hui. Dans la petite boîte, tu trouveras un objet métallique en lien avec l'esprit qui est aujourd'hui le tien, délivré qu'il fut comme tu as eu la gentillesse de me le révéler tout récemment. Je souhaite de tout mon cœur qu'il t'en ouvre de nouvelles, c'est assurément peu de choses, mais te connaissant un peu, je crois, tu devrais en être satisfait. Tu me raconteras tout ça n'est-ce pas, lorsque tu me rejoindras mais le plus tard possible, prends ton temps et profite pleinement, la vie est courte !

Je t'embrasse filialement et si tu veux bien, embrasse Énora de ma part. Je vous aime fort tous les deux !

M. Charles Mériadec

Énora redonna la boîte rouge à Stanislas.

—Non, vas-y, ouvre s'il te plaît, lui répondit-il dans un souffle.

Elle actionna le petit mécanisme, en souleva le couvercle bombé.

— Il y a une sorte de badge métallique format carte bancaire et une grande clé de serrure. Ah et puis un petit papier avec une adresse. Soixante-six allée de l'Étang, Belleville-sur-Meuse.
Il y eut un silence.
— Soixante-six allée de l'Étang, Belleville-sur-Meuse ?

Stan venait de se relever subitement, les cheveux ébouriffés, les joues rose fluo et les yeux larmoyants. Soixante-six allée de l'Étang, Belleville-sur-Meuse ! *Putain c'est quoi ce bordel ?*
— Je… je ne comprends pas.
M. Declerc pris la parole, avec douceur.
— Monsieur Stanislas… Mériadec, selon les volontés de Monsieur Charles… Mériadec - il insistait légèrement en esquissant un sourire complice - en tant que légataire officiel, vous détenez à partir d'aujourd'hui… la moitié de la propriété dite « le Polyèdre », en effet situé soixante-six allée de l'Étang à Belleville-sur-Meuse.

Stan s'était laissé retomber sur son fauteuil, se tenait raide, en état de sidération, le regard écarquillé lancé droit devant lu, loin, très loin, la main droite immobile, à peine posée sur sa bouche entrouverte. Puis, sans bouger la tête, ses yeux se portèrent à gauche, à droite, de nouveau devant lui, comme s'ils cherchaient un début de commencement de prémisses de réponse à la seule question qui le taraudait dorénavant : c'était quoi ce putain de bordel ?!

Énora mis les courriers dans son sac avec la clé, remercia M. Declerc, excusa Stan qui était devenu mutique, se leva.

—Viens. Lui dit-elle.

Elle lui prit la main et le guida vers la sortie, remercia encore le notaire qui lui rendit son sourire en leur tenant la porte. Ils étaient tous deux assis l'un en face de l'autre dans le bus. Stan ne savait pas ce qu'il faisait là et s'en moquait éperdument. Énora était là, ça le rassurait, lui suffisait et ses pensées s'entrechoquaient sans discontinuer, la mort, Mériadec, le Polyèdre, la clé... C'était plus fort, plus intense que tout ce qu'il avait connu. Les sauts en parachute, les séances de dépucelage, il avait cru que son cœur battait alors comme jamais il ne pourrait battre plus. C'était sans compter sur M. Charles, le roi des surprises tachychardiques !

À suivre...

* * *

Au fait, chère amie lectrice, cher ami lecteur : il est possible que vous ayez aimé ce livre, alors, si tel est le cas, je vous invite à prendre moins de 2 minutes pour laisser un commentaire, sincère et totalement subjectif, sur le site Amazon.

Oui mais pourquoi, me direz-vous ☺.

Eh bien pour faire plaisir à l'auteur s'il est positif (pourquoi se priver ?) et pour augmenter la visibilité du livre ce qui, par les temps qui courent, est résolument appréciable !

Recevez dès à présent une floppée de remerciements que je vous adresse avec plaisir, entre deux rédactions de phrases du tome 2 !

* * *

Printed in France by Amazon
Brétigny-sur-Orge, FR

15196438R00176